懶人DIY 澆澆水就大豐收！

水耕菜園

伊藤龍三

三悅文化

歡迎加入水耕蔬菜園的行列

我的蔬菜園比各位所想像的要小很多，

面積只有一個榻榻米大小而已。

可以在裡面種滿了四季應時、豐富我家餐桌的各種蔬菜。

所使用的都是隨處就買得到的商品，

所以不需要花很多錢。

希望各位的家也能打造出豐富的水耕蔬菜園。

水耕蔬菜園最適合這類的人！

□ 想要種菜但是沒有地方。

□ 不要用土，可以的話想要種在室內。

□ 因為是種在陽台，所以很難用土耕。

□ 想要吃無農藥的蔬菜。

□ 不太喜歡種在廚房的蔬菜。想要更道地的種植蔬菜。

□ 雖然想要在家裡種蔬菜，但是又不想花太多時間在土壤和水分的管理上。

□ 曾經種菜失敗過，所以這次想要種植成功。

□ 沒有地方存放很多種類的肥料和土壤。

□ 覺得學習蔬菜的栽種方法很麻煩。

□ 因為很用心栽種所以一定要有收穫。

□ 雖然想要種植真正的蔬菜，但是往返出租的菜園很麻煩。

□ 想要在菜價高漲的時期也可以每天吃到很多蔬菜。

□ 雖然有庭院，但是土質不好種不出來。

CONTENTS

Part 2　水耕蔬菜園 葉類蔬菜會生長茁壯　23

Part 1

再簡單不過的水耕蔬菜園打造方法

打造水耕蔬菜園的方法非常簡單。
撒下種子發芽以後，只要做好水耕盤放上去就可以。
有的時候補充一下濃縮營養液，
看著植物一天一天茁壯，享受收穫的樂趣。

《播種的基本》

將種子放在育苗海綿上，等待發芽

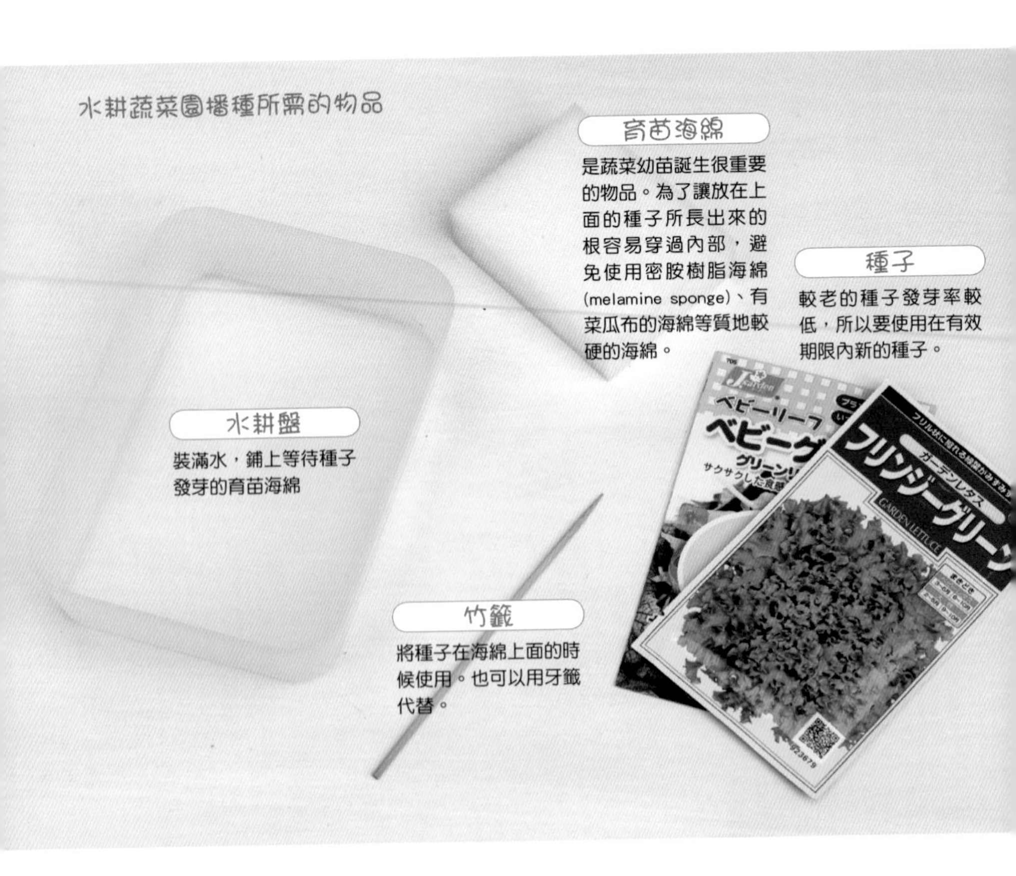

水耕蔬菜園一開始，與其說是播種，應該說是放上種子。
除了雙手可以不被土壤弄髒，還可以達到幾乎百分百的發芽率。

1

準備種子的溫床

將海綿剪成大約邊長2.5cm的骰子狀，放進裝滿水的水耕盤中，用手將空氣擠壓出來。

▶ Point

不可以用密胺樹脂海綿。有菜瓜布的海綿將菜瓜布部分切除後使用。將空氣擠出直到完全沉到水面下。

2

用竹籤撒下種子

用前端沾濕的竹籤沾上種子輕輕的放在海綿上。放好種子之後再用玻璃吸管從上面滴上水滴確保水分。

▶ Point

一塊海綿放二顆種子是基本做法。把種子放在小碟子裡會比較方便作業。

不要光照，等待發芽

在上面放一層衛生紙避免種子乾掉直到發芽為止。在水耕盤內加水到海綿的高度的一半，放在陰暗的地方。

▶ Point

面紙是雙層的，所以要用手分開只用一層。只要用自來水就可以，直到換盆為止。

確認發芽

發芽突破放在上面的紙張。確實長出雙葉之後，就是可以改種到水耕蔬菜園的時候。

《 基本的栽種方法 》

製作水耕盤 用營養液栽種

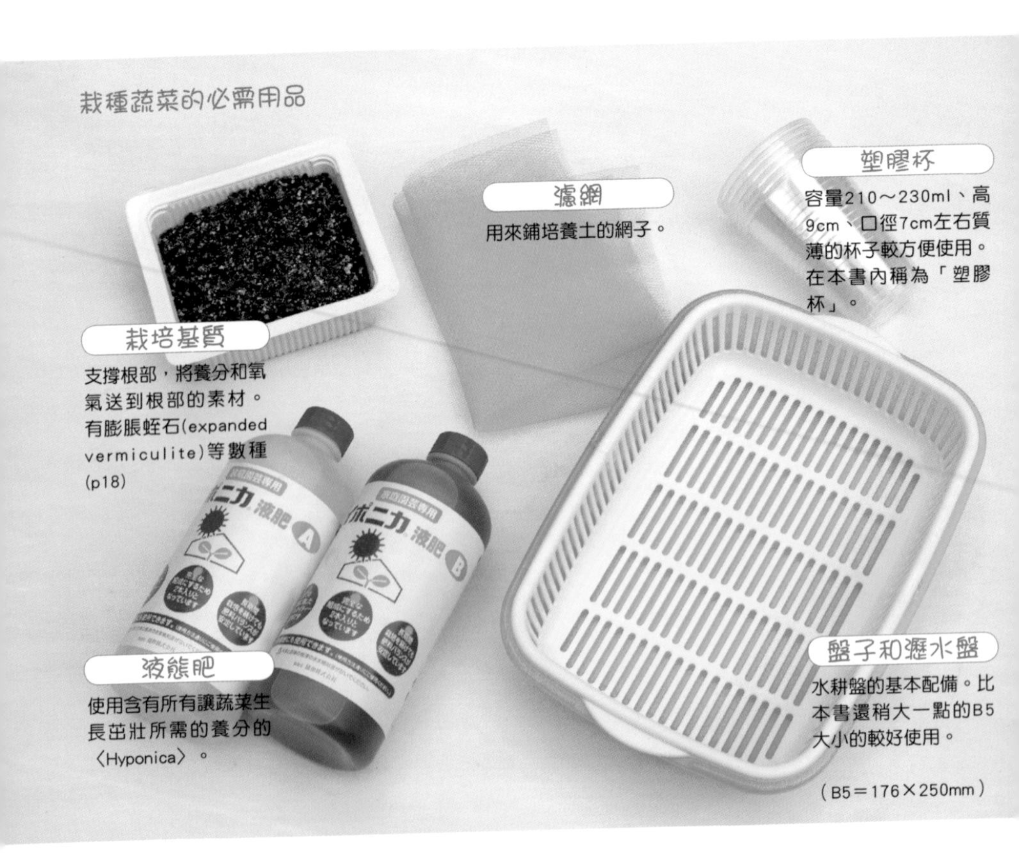

如《播種的基本》一樣放上種子等到發芽之後，

移植到水耕盤內，加入營養液一開始栽種。

1

確認長出飽滿的雙葉

經過《播種的基本》(p8～)發芽後，大約十天左右確認長出飽滿的雙葉。

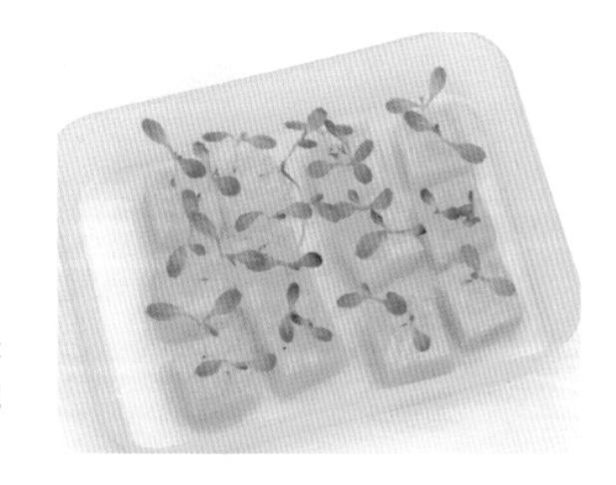

2

製作水耕盤

將瀝水盤放進盤內，剪開濾網的旁邊和底部鋪上一層。這就是之後要蔬菜生長的菜園。

▶ Point

濾網以大張的較為方便。如果大小沒有辦法鋪滿整個盤子的話，將二張錯開重疊也可以。

3

鋪上栽培基質

將栽培基質鋪在濾網上面。水耕蔬菜經常用膨脹蛭石做為栽培基質。

▶ Point

B5大小的盤子栽培基質的量要1～1杯半的塑膠杯。可以將瀝水網整個覆蓋住的量就可以。

4

製作營養液

〈Hyponica〉是將二種成分做成A劑和B劑，分開包裝。三公升的自來水，A劑和B劑各倒入6ml，稀釋成500倍。

▶ Point

水耕蔬菜園都是用〈Hyp-onica〉稀釋成500倍的營養液。不需要依種類來改變濃度。2公升的自來水A劑B劑各加4ml。如果有可以量1ml單位的小量匙的話會很方便。A劑B劑的原液不可以混合。

5

輕輕的注入營養液

將稀釋好的營養液輕輕的倒在栽培基質上。直到栽培基質的表面濕潤就可以。

▶ Point

從瀝水盤的旁邊倒進去就可以，以免栽培基質表面凹凸不平。

6

準備育苗

用刮刀將栽培基質的表面刮平。這樣栽種蔬菜的水耕盤就完成了。

製作幼苗的支架

在塑膠杯底部放置一個十元硬幣，用筆描一個圓形。將連結圓形直徑的邊緣的二個地方剪開，從該處往中心放入剪刀剪開一個圓形。

▶ Point

修眉用的剪刀會比較好用。從邊緣的切口處用剪刀剪開圓形時，一次剪一個半圓形。請參考圖片的紅線。

連同海綿移植幼苗

用衛生筷夾取發了芽的海綿，插進塑膠杯底部的洞。

▶ Point

讓海綿塗出塑膠杯底部約2～3mm左右。幼苗的根很脆弱，所以小心不要傷到。

9

用栽培基質穩定幼苗

用湯匙將栽培基質塞進海綿和塑膠杯之間。

▶ Point

栽培基質裝到看不見海綿為止。

10

將幼苗放進水耕盤

將套好支架的幼苗輕輕的放進水耕盤沿著邊緣排成一列。

11

補充減少的營養液

排放幼苗時，因為支架內的栽培基質含有營養液，所以第五步驟所注入的營養液應該會減少。將瀝水網稍微往上提，在盤內注入營養液補充。

▶ Point

補充到將瀝水網放回原位時，營養液會滲出栽培基質的表面的程度。之後要隨時補充維持此營養液的量。

12

多一道功夫 預防藻類發生

將鋁箔紙剪成適當大小，覆蓋在兩排支架之間的栽培基質表面上。

▶ Point

藻類產生的話不僅表面不美觀，氧氣也會被藻類剝奪，無法送達蔬菜的根部。

《便利的栽培包》
茶包大活躍！

現在來向各位介紹另一種簡單的栽培工具，那就是茶包。
可以直接播種、或裡面放海綿塊的幼苗栽種的方便栽培包。

How to Make

用茶包製作

將長9.5cm、寬7cm左右薄的不織布茶包翻面，將底部的兩個角向外摺成三角做成盒狀。這是水耕蔬菜園非常方便好用的栽培包。

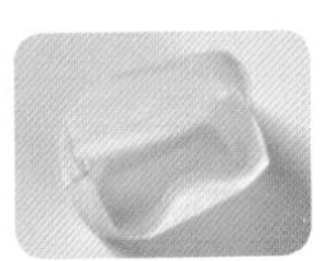

▶ Point
有方型底部的茶包，用來製作栽培包會比較簡單。

How to Use

直接播種

將茶包栽培包排列在水耕盤內，將栽培基質的材料裝約深3cm左右(豆類的話為4cm)，將種子直接撒在上面。播種完之後，稀疏的撒下栽培基質的素材。

▶ Point
為了讓每一個栽培包的分量固定，將塑膠杯剪成適量大小的量杯會比較方便。

How to Use

在栽培盤育苗

在栽培包內放進一小匙的栽培基質素材，將經過《播種的基本》(p8～)發芽的幼苗連同海綿一起放進右頁的專用支架放進水耕盤內。

▶ Point
放進專用支架後，底部包上鋁箔紙可以避光也可以防止藻類發生。

製作專用支架

1

沿著塑膠杯底部的溝畫圈。在側面四個角畫出距離底部約1/3高度左右的長度的線。

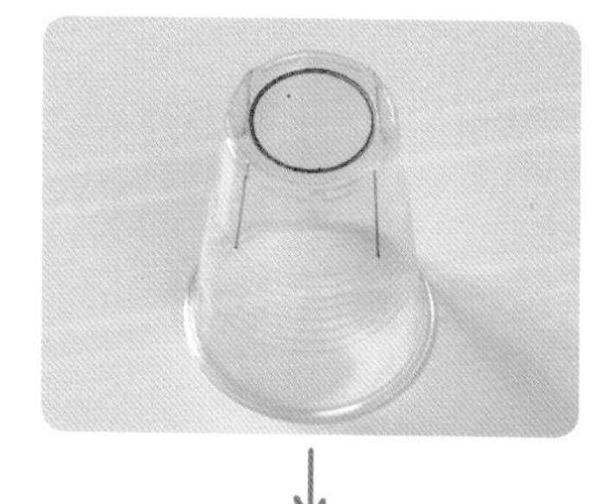

▶ Point

描線時用油性筆比較好用。

2

用小剪刀將底部的邊緣剪開，從該處放進刀子沿著畫出的圓形剪開。沿著側面畫上的線剪出切口。

▶ Point

側面的切口用美工刀就可以。

3

用剪刀將側面兩個切口的上、下端連接剪開，剪出兩個窗口就完成。

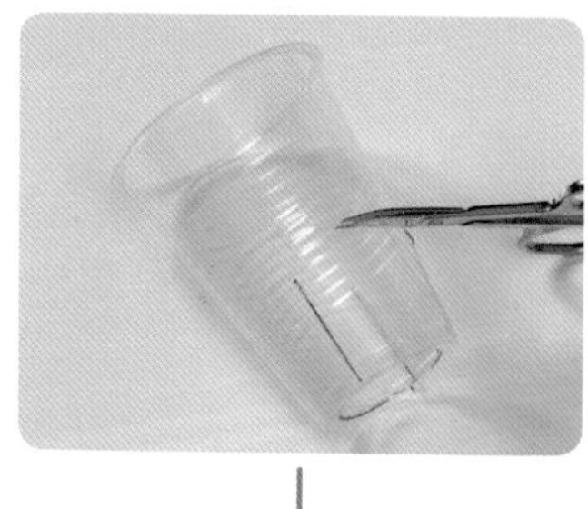

▶ Point

從底部觀看完成之後的模樣

4

放上茶包的栽培包。讓茶包的兩端突出於側面剪開的窗口。

▶ Point

如左頁所說明的在底部包上鋁箔紙遮光。

《市售幼苗的栽種方法》

移植到水耕盆

土壤栽種的幼苗也會在水耕蔬菜園中茁壯生長。
重要的是從土壤改為水耕栽培的移植。
現在來向各位介紹不會失敗的方法。

1

製作水耕盆

準備移植幼苗的盆子，為了保持通氣，在距離側面底部一公分的位置用電烙鐵盡量鑽很多洞，在底部鋪上剪成小塊的濾網。

▶ Point
水耕盆用五號大小(直徑15cm)的小盆子就可以。不用盆子，而是用同樣大小的廚用瀝水盆的話，不用打洞非常方便。

2

裝入栽培基質

在鋪上濾網的盆子或廚用瀝水盆鋪上1cm左右的盆栽基質素材。水耕盆就此完成!

▶ Point
栽培基質所使用的素材請參考p18。

3

確認幼苗的大小

將整個育苗盆放進水耕盆中，確認是否低於水耕盆的邊緣。

4

從育苗盆取出幼苗

將育苗盆輕輕的往下拉，拔出幼苗。可以連土拔出。

▶ Point

因為是連土一起移植，所以不會傷害根部，是此方法的優點。

5

將幼苗移植到水耕盆

從育苗盆中取出的幼苗連土一起輕輕的放進第二步驟的栽培基質上。

6

用栽培基質穩定幼苗

仔細的用栽培基質填滿栽種幼苗的土壤和水耕盆之間的空隙。填滿之後土壤的上面也要鋪上少量的栽培基質。

▶ Point

用湯匙將栽培基質輕輕的塞進土壤和水耕盆的空隙，幼苗會更加穩固。

7

放到水耕盤

將盆子放進水耕盤注入營養液。營養液的量是加到盆子的栽培基質表面濕潤為止。

《 水耕蔬菜園所使用的栽培基質 》

供給根部空氣的功能

水耕蔬菜園是不使用土壤，利用栽培基質提供空氣到蔬菜根部。
現在來向各位介紹平常最常使用的代表性素材。

膨脹蛭石

這是將一種稱為蛭石的礦石用高溫加熱膨脹到十倍以上的素材。非常輕量，通氣性、保水性很高。

▶ Point
水耕蔬菜園最常使用的栽培基質

珍珠石

將石英岩等粉粹高溫處理而成，經過人工發泡的顆粒狀園藝材料。

▶ Point
因為看起來很漂亮，所以常被用在室內盆栽。不過，因為藻類的綠色會很顯眼，所以要確實做好避光。

椰殼纖維

將天然的椰子殼壓縮的素材。這是壓縮而成的，吸水後可以膨脹到十倍以上。水耕蔬菜園會和膨脹蛭石混合做為栽培基質。

▶ Point
因為是很牢固的栽培基質，所以常被用來栽種葉子會變多變重的蔬菜、結果實的蔬菜。

製作混合的栽培基質

1

一塊圓柱型的椰殼纖維配一公升的水，使其膨脹。再慢慢加入少許水，直到不再膨脹為止。

▶ Point

商店販售的椰殼纖維大多是十個圓柱型椰殼纖維一包。比起磚型的大塊椰殼纖維，這一種可以再分成小塊，很方便。

↓

2

用鏟子將膨脹的椰殼纖維搗碎。

▶ Point

椰殼纖維含大量水分之後會脹到原本的十倍以上。搗碎之後體積會更大。

↓

3

將搗碎的椰殼纖維裝在容器的半邊

↓

4

另外半邊裝入和椰殼纖維相同分量的膨脹蛭石混合均勻。

▶ Point

這樣就完成椰殼纖維・膨脹蛭石各一半的栽培基質。

《自動給水器的製作方法》

有效利用寶特瓶

水耕蔬菜園，只要營養液不中斷，
能夠維持適量的話，蔬菜就會茁壯成長。
想要省時省事的確實做好營養液管理，就用自動給水器吧。

1

加工保特瓶

在寶特瓶的側面連接底部的高度位置畫出一個鉛筆可穿過大小的圓圈，用刀子沿線切開打一個洞。自動給水器就這樣完成了!!

▶ Point

2公升或500ml的保特瓶都可以。容量大的要更換營養液比較方便，但是較占空間。

2

倒過來裝水

保特瓶蓋上瓶蓋倒過來，從打出的洞注入營養液（含營養素的水）。也可以用手指塞住洞口，從瓶口注入營養液再蓋上瓶蓋。

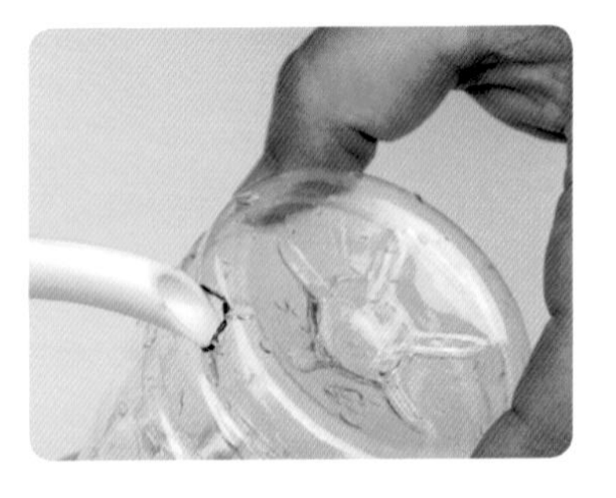

▶ Point

栽種過程中自動給水器裡的營養液用完時也用同樣的方法補充。

3

放到水耕盤

將裝有營養液的自動給水器立在水耕盤的角落。水耕盤內營養液的高度和洞口一樣高的時候，營養液就不會流出來。

▶ Point

剛開始可以放在彩色的水耕盤內確認看看。確認營養液從洞口流出來，發出波囉波囉的空氣聲，給水器的水位下降到洞口的高度。營養液停止流出來的話，將寶特瓶的洞口稍微再打大一點就可以。

《防蟲防護罩的做法》
加工洗衣袋

葉子被昆蟲吃掉的蟲害特別是葉類蔬菜所要避免的。
水耕蔬菜園特有的防蟲防護罩幾乎可以完全防止蟲害。

1

準備材料

在商店購買清洗衣物時使用的洗衣袋和洗衣網。

▶ Point

「毛毯、毛巾被用」的圓柱型洗衣網比較好。先決定洗衣袋，確認大小可以將其包起來。

2

洗衣袋加工

將洗衣袋的提把、底面、兩邊側面的網子、布料如圖般剪下來。

▶ Point

重要的是不要將做為框架的鐵絲剪得剛剛好，網子・布料要多留3cm寬左右。如果沒有多留的話，鐵絲就捲起來無法保持袋子形狀。

3

蓋上洗衣網就完成

將洗衣網蓋上加工過的洗衣袋。拉鍊端置於水耕盤進出的該側。

▶ Point

洗衣袋有大小二種尺寸。大尺寸的可以放進B5大小的水耕盤三個，小的可以放進二個。

《 材料的分量指南 》

栽培基質和營養液的量

製作水耕蔬菜園的重點是要遵守栽培基質和營養液的量。

只要沒有出錯的話，幾乎可以栽種成功，所以要記得。

● 使用水耕盤

▶ 水耕盤＋濾網＋瀝水盤

栽培基質：
深5mm～1cm

營養液量：達到栽培基質的表面濕潤的程度

▶ 水耕盤＋瀝水盤或只用水耕盤

營養液量：
深1cm
(夏天維持一天、冬天維持三天左右的量)

● 直接播種

▶ 茶包的栽培包

栽培基質：
深度3cm左右的量
種植豆類要深4cm左右。
※撒上種子之後，在上面稀疏的撒上栽培基質。

▶ 育苗連結盒
(每一個邊長三公分)

栽培基質：
深2cm左右的量
※撒上種子之後，再從上面稀疏撒上栽培基質。

● 種上幼苗的海綿

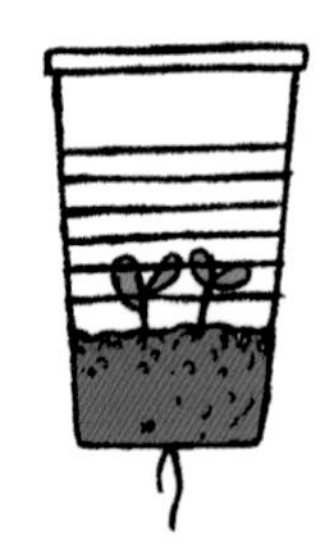

▶ 塑膠杯支架

栽培基質：
填滿海綿和杯子之間的空隙

▶ 茶包的栽培包

栽培基質：
1.先用一小匙分量
2.放上海綿之後，填滿幼苗和茶包空隙的量

● 移植幼苗

▶ 水耕盆

栽培基質：
1.先挖深約1cm
2.放上幼苗之後，填滿幼苗和盆子之間空隙的量
3.最後放上蓋住根部的量。

Part 2

水耕蔬菜園葉類蔬菜會生長茁壯

水耕蔬菜園裡生長的蔬菜，
它的特徵是從發芽到收成的過程很快。
而且可以在室內栽種也是很賞心悅目。
尤其是冬天，不用吹風受凍，
栽種在室內比在室外生長還要快速。

! 自第24頁起各種蔬菜的「水耕蔬菜園日曆」是我在神奈川橫須賀市水耕蔬菜園的栽種準則。播種和栽種的時期，參考市售種子的包裝袋背面所記載的，請配合居住地區的氣候選購。

葉萵苣

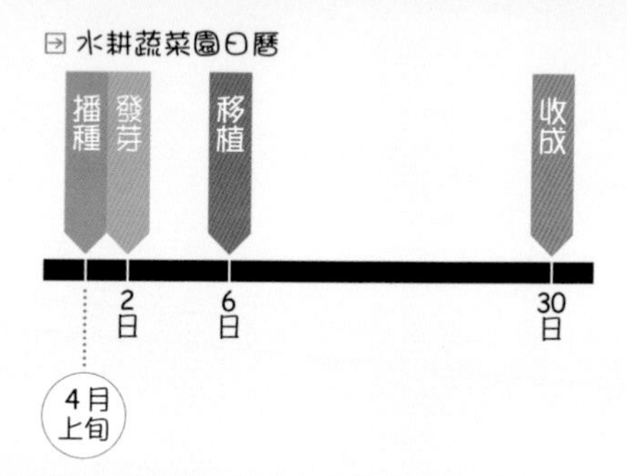

「用現摘萵苣做沙拉！」如果是水耕蔬菜園的話就可以實現這樣的奢望。現在就讓我來為各位一邊複習《基本的栽種方法》，一邊說明不會失敗的栽種方法。

● 播種的時機

中間帶 ⊡ 2月上旬～4月上旬
8月下旬～9月上旬

寒　帶 ⊡ 3月上旬～5月上旬

溫　帶 ⊡ 1月中旬～3月上旬
9月上旬～9月上旬

1

準備移植

《播種的基本》(p8～)發芽之後，本葉長到這麼大之後就準備移植。

▶ Point

根部應該也長到這麼長。小心不要傷到根部。

2

製作水耕盤

依照《基本的栽種方法》(p10～)的步驟用HYPONICA製作營養液，將濾網鋪在盤子的瀝水盤上面，輕輕倒入營養液。

▶ Point

營養液的量以膨脹蛭石的表面濕潤即可。注意不要太多。

3

設置育苗床

依照《基本的栽種方法》(p10～)的步驟在塑膠杯設置育苗床。用湯匙在海綿的四周塞滿膨脹蛭石

▶ Point

膨脹蛭石的量以剛好覆蓋住海綿的量即可。

4

水耕蔬菜園的完成

將設置好育苗床的塑膠杯沿著水耕盤邊緣排列。最後用鋁箔紙覆蓋住空隙處膨脹蛭石的表面。

▶ Point

將塑膠杯放到水耕盤內時，要輕輕的，不要將凸出於底部的海綿往上擠壓。

5

守護生長

水耕蔬菜園的萵苣生長快速，所以要仔細觀察避免營養液中斷。營養液用完要記得補充。

▶ Point

營養液太多的話氧氣會很難送到根部，所以只要維持膨脹蛭石表面濕潤就可以。

6

進入採收期

葉子長到自己想要的大小之後，就可以採收了。不要一整株採收，要從外葉慢慢採收。

▶ Point

即使摘除外葉，裡面的葉子還會繼續生長。大約可以採收一個月左右。

在室內也會生長

1

將《基本的栽種方法》(p10～)的水耕盤放在日照充足的窗邊或走廊。

▶ Point

只要是日照充足的地方，即使隔著玻璃窗也可以。尤其以上午照得到陽光的地方最為理想。

↓

2

日照充足的話，營養液在室內也會很快揮發掉，所以要隨時檢查水耕盤的營養液是否足夠。

↓

3

在室內的生長速度會和室外一樣或更快。長到這樣的程度很快就可以採收了。

▶ Point

可以從外葉摘除，和栽種在室外一樣。

↓

4

長太快來不及採收，塑膠杯無法支撐住的話，就將整個水耕盤裝到塑膠袋內(超市的購物袋也可以)栽種。

▶ Point

將塑膠袋的側面立起來，就成為一個大的支架。

紅萵苣

葉尖染成紅色的紅葉萵苣和綠色的萵苣搭配使用的話，餐桌上的沙拉看起來更加豐盛。紅葉萵苣在水耕蔬菜園會漂亮的生長。

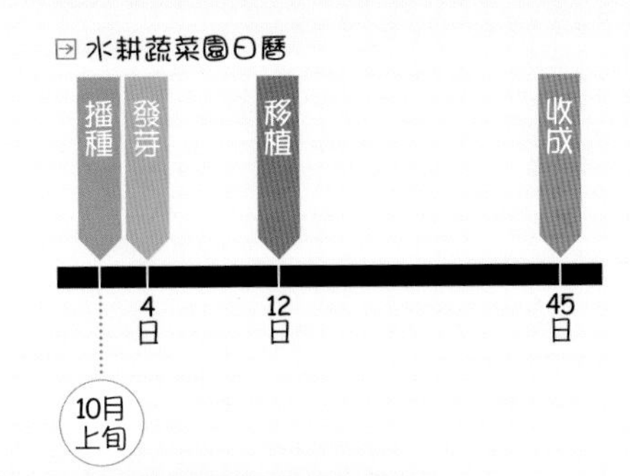

● 播種的時機

中間帶 → 2月下旬～3月下旬
9月上旬～10月上旬

寒 帶 → 3月中旬～3月下旬
8月中旬～9月上旬

溫 帶 → 1月上旬～2月中旬
9月下旬～11月中旬

1

裝設水耕盤

經過《播種的基本》(p8～)發芽，仿照《基本的栽種方法》(p10～)的步驟將幼苗放到水耕盤。

▶ Point
放到水耕盤之後，不要隔天，馬上裝上防蟲防護罩(p21～)。葉類的蔬菜一不小心冬天也很容易長蟲，所以要注意。

2

守護葉子的生長

葉子長到某種程度之後葉尖就會開始變色。注意不要中斷營養液，安心的守護。

▶ Point
移植後一個月整個葉子還是呈綠色。然後會慢慢變色。

綠皺葉萵苣

葉尖宛如皺褶般的捲曲，新品種的萵苣。因為容易沾附醬汁，所以可以做出一道漂亮的沙拉料理。

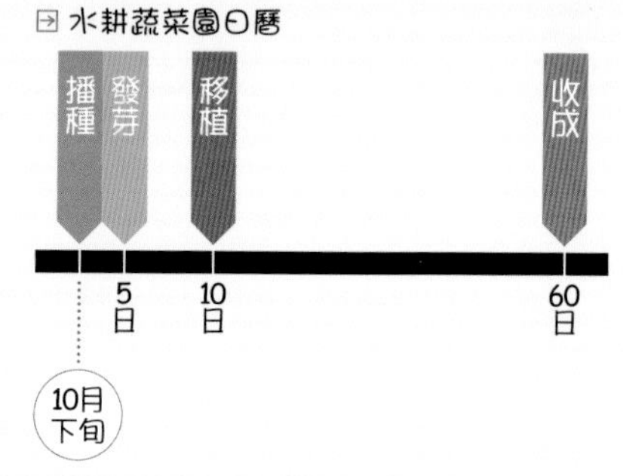

● 播種的時機

中間帶	2月下旬～5月上旬 9月上旬～10月下旬
寒　帶	2月下旬～5月上旬 9月上旬～10月下旬
溫　帶	2月下旬～5月上旬 9月上旬～10月下旬

1

將種子撒在栽培包

在茶包做的栽培包內裝入深約3cm的珍珠石，撒上種子。一個栽培包放3～4顆剛剛好。

▶ Point

播種前從水耕盤的瀝水網旁邊注入自來水，先弄濕珍珠石。

2

裝設支架

幼苗長到這麼大之後製作栽培包的專用支架(p15)將整個茶包放進去。

▶ Point

茶包的四個角要確實凸出支架的窗口。不要忘記包上避光用的鋁箔紙。

3

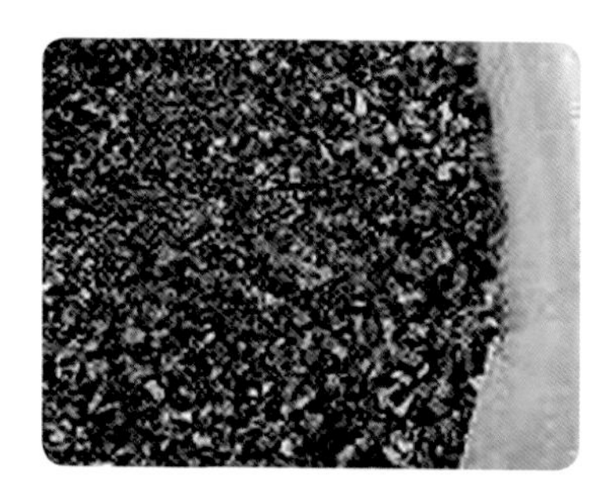

準備水耕盤

在瀝水網上鋪上濾網，平鋪厚約1cm的膨脹蛭石。

▶ Point

依《基本的栽種方法》(p10～)的步驟從水耕盤的旁邊注入營養液。

4

完成水耕盤

將塑膠杯的支架排列在膨脹蛭石上。在空隙處鋪上避光用的鋁箔紙。

管理營養液

完成水耕盤之後，每天管理營養液。營養液太多會生長遲緩，所以維持膨脹蛭石表面濕潤即可。

▶ Point

將瀝水網稍微往上抬，確認水位就可以。

等待收穫守護生長

用水耕盤栽種會快速的生長，所以要注意營養液是否足夠，等待收成。

庭園萵苣
混搭

→ 水耕蔬菜園日曆

播種	發芽	移植	收成
12月中旬	5日	20日	40日

各種顏色和形狀的萵苣混合五種左右的種子栽種。也可以趁鮮嫩的時候摘下來做嫩葉生菜。

● 播種的時機

中間帶 → 2月下旬～5月下旬
9月上旬～1月下旬

寒　帶 → 2月下旬～5月下旬
9月上旬～1月下旬

溫　帶 → 2月下旬～5月下旬
9月上旬～1月下旬

1

準備移植

依照《播種的基本》(p8～)的步驟待其發芽之後，本葉長到這樣大小之後就準備移植。

▶ Point

炎熱的夏天不適合播種。春秋季會生長快速。寒冬發芽後的生長較慢，要耐心等待。比照片還早一點移植也可以。

2

開始收成

依《基本的栽種方法》(p10～)的步驟栽種。葉子長到這麼大之後就可以收成。

▶ Point

新的葉子有獨特的苦味，所以要用來做生菜嫩葉時要讓葉子長到7cm左右。

結球萵苣

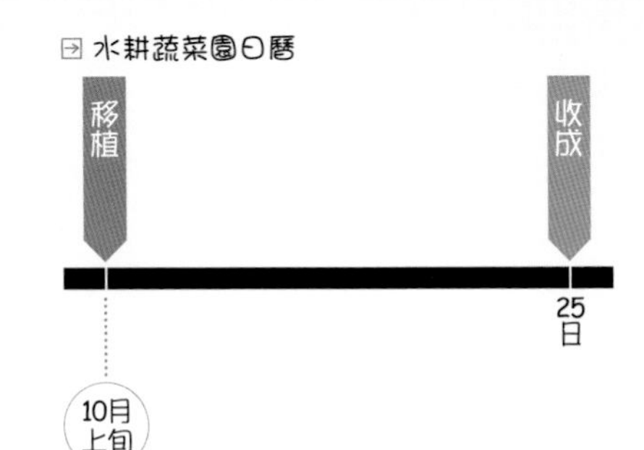

口感清脆的結球萵苣也可以栽種在水耕蔬菜園。用市售的幼苗來栽種看看。從外葉開始剝取食用。

● 移植時機

中間帶 ⇒ 2月中旬～3月中旬
9月下旬～10月下旬

寒　帶 ⇒ 3月上旬～5月上旬

溫　帶 ⇒ 2月上旬～3月中旬

1

製作水耕盆

依《市售幼苗的栽種方法》(p16～)步驟移植幼苗。用電烙鐵在三號的小盆子側面下方打洞，栽培基質用珍珠石。

▶ Point

不是用盆子而是在直徑10cm左右的小的瀝水網蓋上濾網也可以簡單的做出水耕盆。

2

放到水耕盤

在盤內倒進深約1cm的營養液放上水耕盆。注意不要讓營養液乾掉，守護生長。

▶ Point

移植後二週就開始結球。收成時成果雖小但很美味。

半結球萵苣
〔MANOA〕

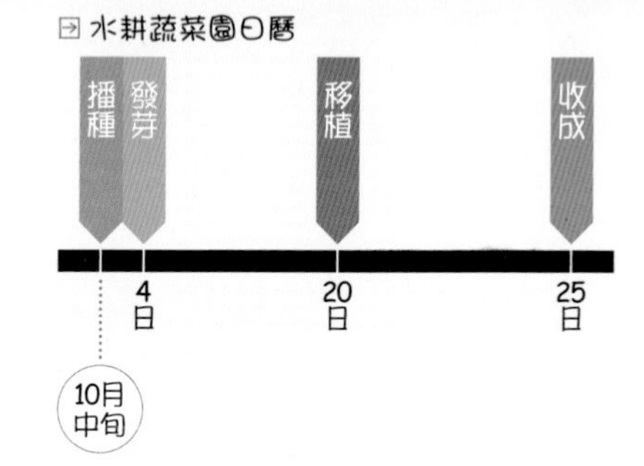

柔嫩的葉尖、結實的根部…。試試看〔MANOA〕這種可以享受二種口感的半結球萵苣品種。

● 播種的時機

中間帶	2月上旬～5月中旬 8月中旬～10月下旬
寒　帶	3月中旬～6月下旬 8月上旬～8月下旬
溫　帶	1月中旬～4月下旬 8月下旬～10月下旬

1

種子撒在栽培包

將膨脹蛭石裝進茶包的栽培包(p14)，一個茶包直接播種3～4顆種子。

Point

將種子撒在茶包後，從水耕盤的側面注入深約1cm的自來水。發芽後長到3cm之後分株，一個茶包只留一株，將在栽培包套上塑膠杯的專用支架，

2

放到水耕盤

將裝好的支架依《基本的栽種方法》(p10～)步驟排列在水耕盤中。排好之後從瀝水網旁邊注入營養液直到膨脹蛭石表面濕潤為止。

Point

放到水耕盤之後，約二十五天就可收成。因為一個茶包只有一株所以葉子會長得很大。

菊苣
(Endive，苦苣)

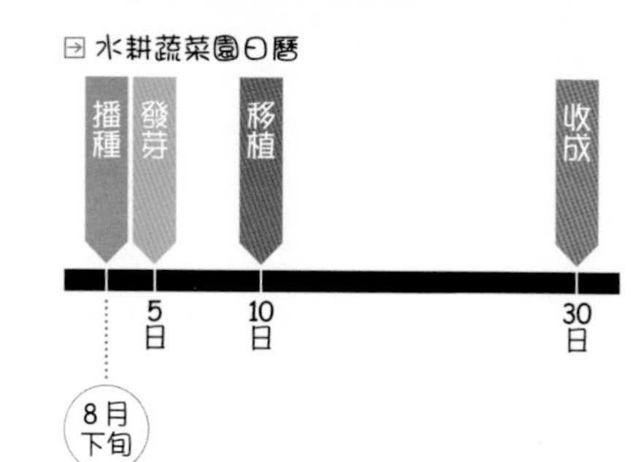

帶有獨特的淡淡苦味，和其他萵苣一起做生菜食用的話，反而提升美味。加上義大利麵醬也很美味。

● 播種的時機

中間帶	3月上旬～4月下旬 8月上旬～9月上旬
寒　帶	4月下旬～8月上旬
溫　帶	2月下旬～4月上旬 8月中旬～9月中旬

1

放置到水耕盤

依《播種的基本》(p8～)步驟待其發芽之後，將幼苗依《基本的栽種方法》(p10～)步驟放置到水耕盤。

▶ Point

因為是往兩旁生長的蔬菜，所以如圖片般在塑膠杯側面打洞的話，空氣會比較流通。

2

收成時刻到了

長太大的話會更苦，所以最好比萵苣早一點收成。

廣東萵苣

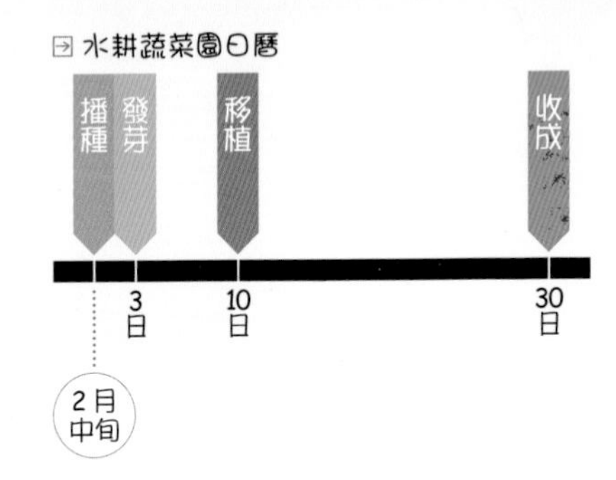

大家所熟知烤肉時常用的葉類蔬菜。到店裡購買只能買到少量，雖然便宜，但是如果自己種的話，就可以全家充分享用。

● 播種的時機

中間帶 ⇒ 2月中旬～5月中旬
8月中旬～9月中旬

寒　帶 ⇒ 3月上旬～7月中旬

溫　帶 ⇒ 1月下旬～4月下旬
9月上旬～9月下旬

1

移植幼苗①

依《播種的基本》(p8～)的步驟，將發芽的種子連同海綿一起放進茶包的栽培包裡，裝進膨脹蛭石，套上塑膠杯專用支架。

▶ Point

將濾網鋪在水耕盤的瀝水網上，鋪上1cm厚的膨脹蛭石，注入營養液淹過蛭石之後放上支架。

移植幼苗②

在小瓶乳酸菌飲料的瓶底多打幾個洞，在底部裝進5mm厚左右的膨脹蛭石，放上幼苗的海綿。和①一樣製作水耕盤放進去。

▶ Point

將濾網剪成邊長5cm大小，從外面貼在瓶底，用橡皮筋固定在瓶身。

移植幼苗③

將發芽的海綿放進邊長3cm的育苗連結盒，裝進栽培基質直到看不見海綿，整個連結盒放進水耕盆。

▶ Point

事先在育苗連結盒底面四個地方、側面一個地方打一個小洞。栽培基質是用椰殼纖維和膨脹蛭石混合使用(p19)。

2

裝上支架

蔬菜長大之後②的乳酸菌瓶子會倒下來，所以要套上底部挖空的塑膠杯做支撐。

再度移植幼苗

③的幼苗長大之後葉子會很茂密，所以要將育苗盆一一剪開，用剪刀剪掉盒子的凸緣部分，用底部挖空的塑膠杯做支撐放進水耕盆。

▶ Point

修剪連結盒凸出的邊緣是為了要裝進塑膠杯內。

4

收成時刻到了

用三種方法培育的幼苗，生長速度都一樣。

▶ Point

和其他葉萵苣一樣，從外葉開始摘除的話，大約一個月左右可以收成。

島萵苣

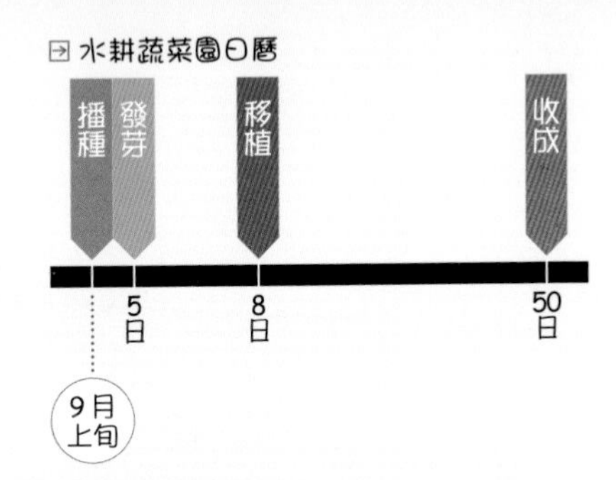

一種非常罕見的萵苣，耐熱、生命力強的葉類蔬菜。在沖繩大多是煮熟後食用，不過做成嫩葉沙拉也很特別。

● 播種的時機

中間帶 ⊡ 3月上旬～9月中旬

寒　帶 ⊡ 3月中旬～8月上旬

溫　帶 ⊡ 2月中旬～10月上旬

1

製作水耕盤

將發芽的種子連同海綿一起放進茶包的栽培包(p14)內，裝進膨脹蛭石，套上塑膠杯支架。排進《基本的栽種方法》(p10～)的水耕盤內。

▶ Point

將濾網鋪在栽培盤的瀝水網上，鋪上厚約5mm～1cm左右的膨脹蛭石，注入營養液淹過蛭石之後放上支架。

2

盡情採收

只摘除外葉的話，就可以一次採收1～20株以上。保留蔬菜芯的話葉子很快就會再長大，就可以重複採收。

皺葉萵苣

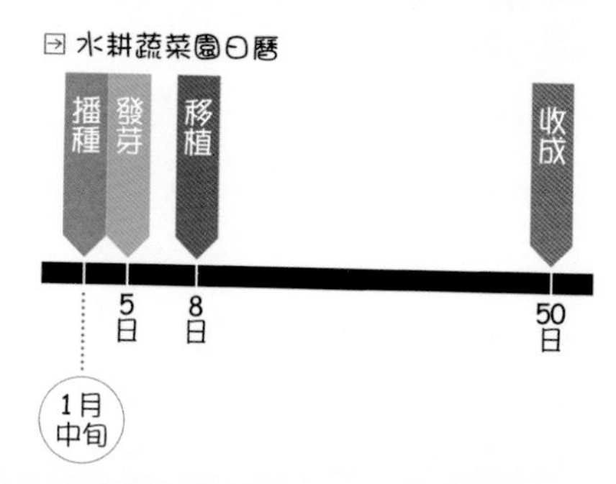

萵苣的日本名稱為「ちしゃ」據說是從奈良時代流傳下來的，各地有使用萵苣的鄉土料理。如果吃膩了生菜沙拉，可以試試拌醋味噌醬看看。

● 播種的時機

中間帶 ⊡ 1月中旬～4月上旬
8月下旬～9月上旬

寒　帶 ⊡ 3月上旬～5月上旬

溫　帶 ⊡ 1月上旬～3月上旬
9月上旬～9月下旬

1

移植到栽培包

將發芽的種子連同海綿一起移植到茶包的栽培包(p14)內，將栽培基質的膨脹蛭石裝到海綿的高度。

▶ Point

將邊長5cm的育苗連結盒一一剪開，旁邊剪一條縫，放進裝有幼苗的栽培包，排列到注有深約1cm營養液的水耕盤內。

2

盡情採收

和其他萵苣一樣，若從外葉開始摘除食用，可以長期採收。

青江菜
〔湯匙菜〕

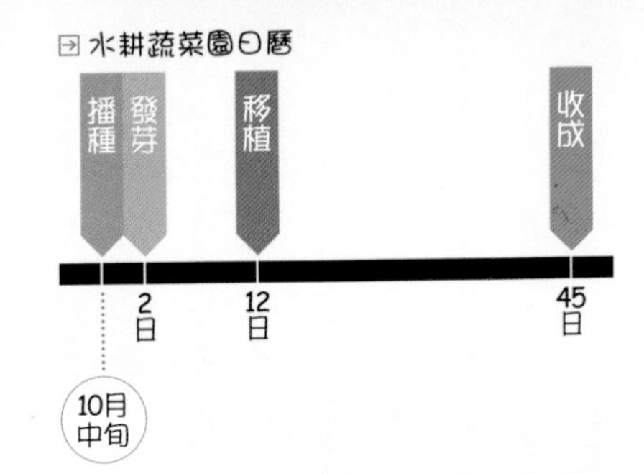

栽種嬌小的青江菜。葉子雖然短小但根部的部分肉質圓而厚。味道也很甘甜濃厚。

● 播種的時機

中間帶 ⇨ 3月上旬～11月上旬

寒　帶 ⇨ 3月中旬～10月中旬

溫　帶 ⇨ 3月上旬～11月上旬

1

放進水耕盤

依《播種的基本》(p8～)步驟待其發芽，然後依《基本的栽種方法》(p10～) 將幼苗放進水耕盤。

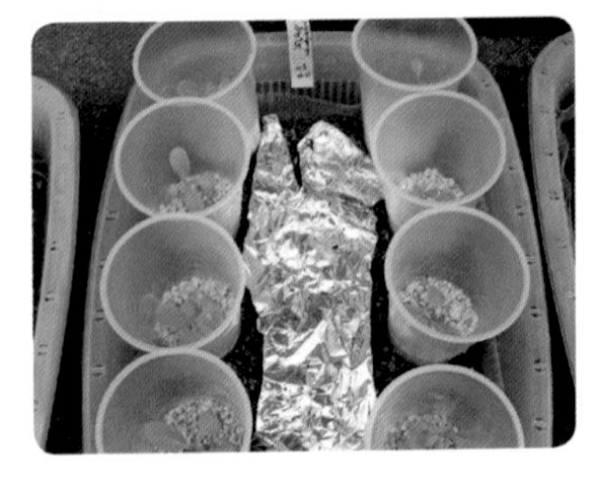

▶ Point

栽培基質使用膨脹蛭石。

2

盡情採收

放進水耕盤之後生長快速。約十天左右就會長高出塑膠杯支架。接下來只要注意不要讓營養液乾掉，等待採收。

1

用其他方法播種

在每個邊長3cm的育苗連結盒底部和側面打上很多小洞，鋪滿膨脹蛭石直接撒上種子。

▶ Point

每個育苗盒的種子數量大約是3～4顆左右。播種之後，再稀稀疏疏的撒上膨脹蛭石。

2

準備移植

幼苗長到如圖般大小葉子茂密之後，就準備移植。一個盆子間拔留一株，再將連結盒一一剪開。

3

移到水耕盤

和廣東萵苣(p34～)的栽種方法一樣，剪掉連結盒的凸緣部分，用底部挖空的塑膠杯做支架，排列到裝有營養液的水耕盤。

4

採收時刻到了

注意不要讓營養液乾掉，等待收成。每一種方法都是在移到水耕盤之後一個月左右就可以採收。

▶ Point

根部突起時就是採收的最佳時機。要在葉尖變褐色之前採收。

茼蒿

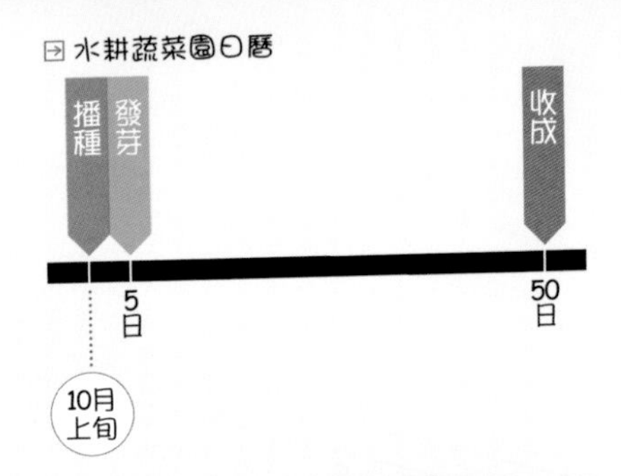

冬天火鍋料理不可或缺的蔬菜，因為是常用的食材，所以就儘管輕鬆的栽種吧。現在就來介紹二種輕鬆栽培法。

● 播種的時機

中間帶 ⊡ 3月上旬～10月中旬

寒　帶 ⊡ 4月中旬～8月下旬

溫　帶 ⊡ 3月上旬～10月中旬

1

等待發芽①

將瀝水網放進水耕盤，鋪上濾網，再鋪上1cm厚的膨脹蛭石。直接將種子撒在上面。青青的撒下膨脹蛭石。

▶ Point

播種後，將瀝水網的邊緣稍微往上抬，將自來水注入水耕盤內。適量注入自來水讓膨脹蛭石表面濕潤。

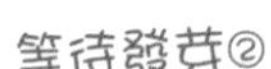

製作茶包的栽培包(p14)，放進6×6的育苗連結盒。每個育苗盒鋪上厚2cm的膨脹蛭石，各撒上3～4顆的種子。

▶ Point

在每個育苗盒底部四個角打洞。播種之後撒上膨脹蛭石，放進水耕盤和①一樣注入自來水。

2

注入營養液

本葉長到如圖般大小之後，倒掉水耕盤內的水，改注入營養液。①發芽的水耕盤和②的水耕盤都是同樣的要領。

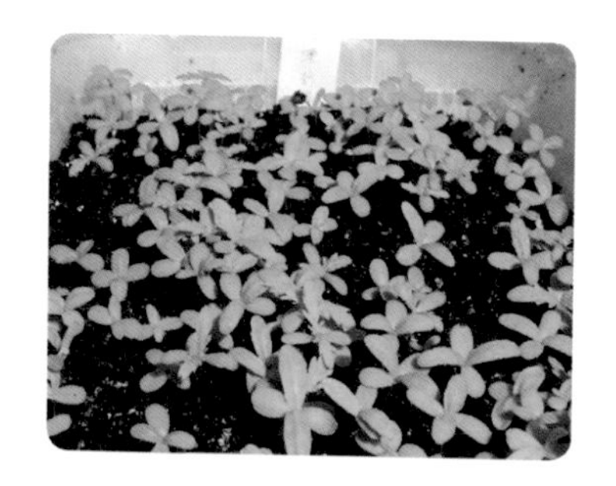

3

守護成長

①和②的水耕盤生長速度相同。因為不移植，所以不要讓營養液乾掉，種在一起，注意生長狀況。

4

確認長得像茼蒿形狀的葉子

播種後三十天左右會長出茼蒿形狀的葉子。

▶ Point

確認①和②生長狀況相同。

5

盡情採收

葉子長大之後就可以採收。

▶ Point

和萵苣一樣，從外葉開始採收的話，大概可以採收一個月左右。

水菜

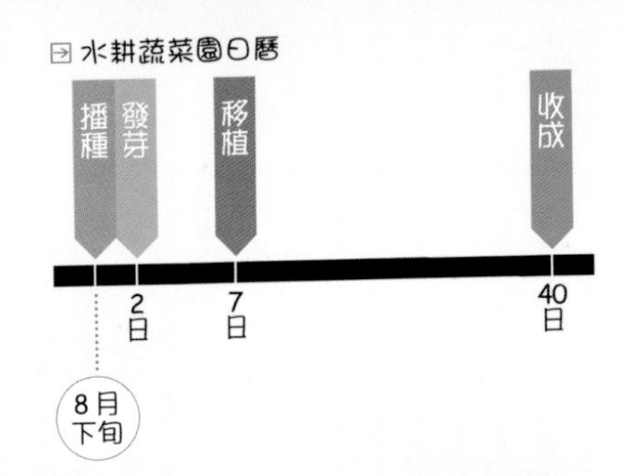

可以使用的料理範圍相當廣泛，可以做成生菜沙拉生吃既美味又方便的蔬菜。口感清脆，水耕蔬菜園獨有的鮮嫩欲滴的香氣。

● 播種的時機

中間帶 → 3月中旬～10月上旬

寒　帶 → 4月中旬～9月上旬

溫　帶 → 3月中旬～10月上旬

1

放置到水耕盤

依《播種的基本》(p8～)步驟待其發芽，然後依《基本的栽種方法》(p10～)步驟放置到水耕盤內。

▶ Point

本葉長到如圖般大小，葉尖呈鋸齒狀時即可移植到水耕盤內。

2

盡情採收

注意不要讓營養液乾掉，守護成長。

▶ Point

不斷的成長之後會長出漂亮白色的莖，越來越有水菜的模樣。

壬生菜

⊡ 水耕蔬菜園日曆

播種	發芽	移植	收成
8月中旬	2日	7日	40日

日本的代表性京都蔬菜之一。煮味噌湯、煮、炒等在關西是自古就很常用的蔬菜，和水菜很類似，但是具有獨特的辣味。

● 播種的時機

中間帶 ⊡ 8月中旬~11月上旬
寒　帶 ⊡ 5月上旬~6月中旬
溫　帶 ⊡ 8月中旬~11月上旬

1

放置到水耕盤

將經過《播種的基本》(p8~)步驟發芽的幼苗裝進茶包的栽培包(p14)，裝滿膨脹蛭石做為栽培基質。

▶ Point
一小匙的膨脹蛭石就可以。填滿種子的育苗床的海綿和茶包之間的空隙。

2

套上支架

用350ml啤酒罐用的四個連在一起的塑膠套做支架。將營養液注入適當大小的水耕盤，將1的栽培包一一放進支架內，再將整個支架放進水耕盤。

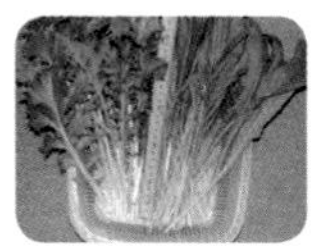

▶ Point
啤酒罐用的套子底部有洞，旁邊也有凸緣，非常方便。種到30cm高。

芥菜
〔皺葉芥菜〕

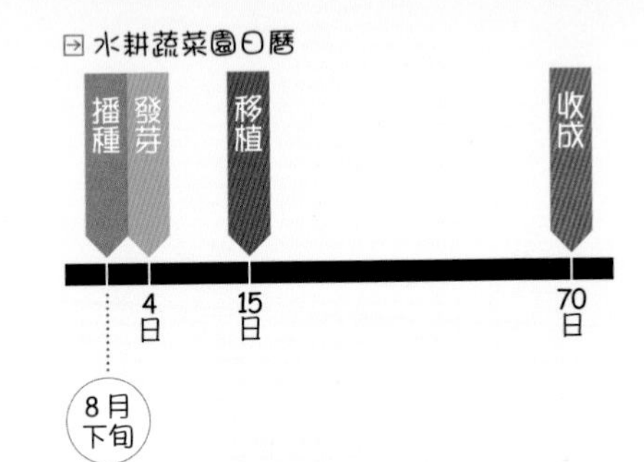

從彌生時代就很常吃的傳統蔬菜。種子可用來做芥末和生藥的原料。這裡是栽種〔皺葉芥菜〕此品種。

● 播種的時機

中間帶 3月上旬～3月下旬
8月下旬～10月中旬

寒 帶 4月中旬～8月上旬

溫 帶 2月下旬～3月下旬
9月上旬～10月下旬

1

放置到水耕盤

依《播種的基本》(p8～)步驟待其發芽，然後依《基本的栽種方法》(p10～)步驟放置到水耕盤內。

2

守護成長

尤其是夏天栽種生長速度快，要注意不要讓營養液乾掉。

Point

會像羽毛般分支增生為其特徵。

野澤菜

常被用來醃漬的葉菜類在水耕蔬菜園也會茁壯成長。雖然是種在室內，但是也會長得非常茂盛不輸種在土裡。

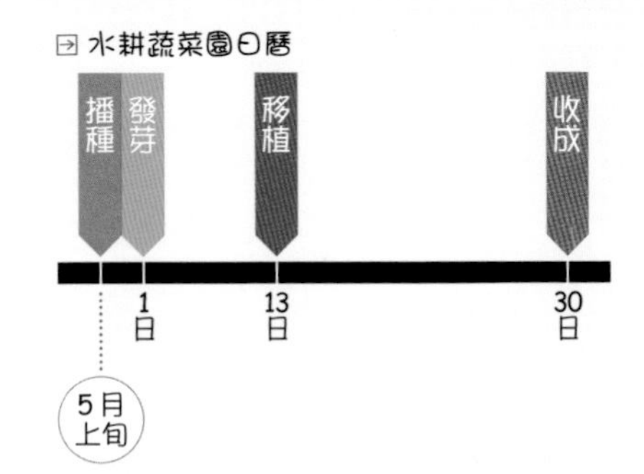

● 播種的時機

中間帶 3月下旬～5月下旬
9月上旬～9月下旬

寒　帶 8月上旬～8月下旬

溫　帶 3月中旬～4月下旬
9月中旬～10月上旬

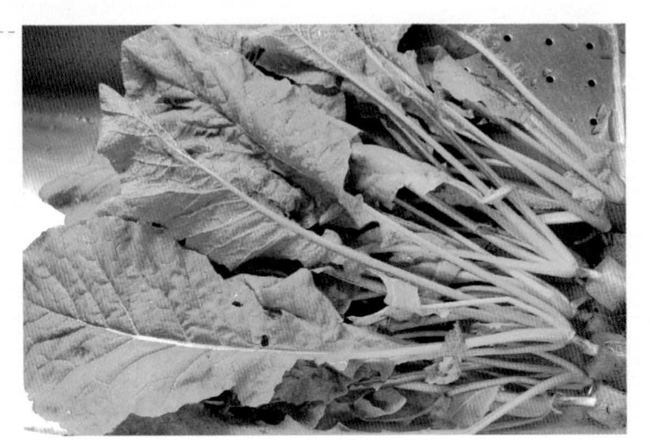

1

將幼苗移植到盆中

將經過《播種的基本》(p8～)發芽的幼苗連同海綿移植到三號(直徑9cm)的小盆子。放到裝有營養液的水耕盆。

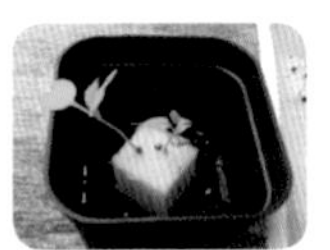

Point

底部鋪上一小杯的膨脹蛭石，放上幼苗的海綿，在空隙處鋪上膨脹蛭石穩固幼苗。

2

套上支架

葉子開始變大之後，套上底部挖空的塑膠杯做為支架以免往旁邊橫生。從幼苗上面套上去，埋進膨脹蛭石中。

Point

在室內也可以長得非常大。有的甚至長到從根部開始全長約35cm。

高菜

用鹽醃漬乳酸發酵做成的醃漬品拿來炒飯也非常美味。如果是水耕蔬菜園新鮮高菜葉的話，可以使用的料理範圍似乎相當廣泛。

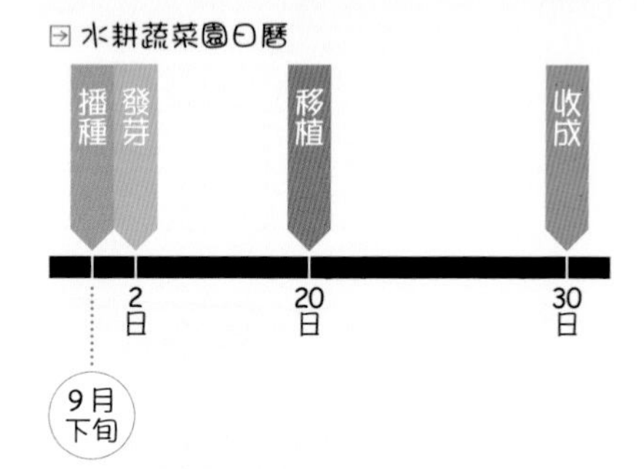

● 播種的時機

中間帶 ⇒ 8月下旬～10月中旬
寒　帶 ⇒ 7月下旬～9月上旬
溫　帶 ⇒ 9月中旬～12月中旬

1

照基本步驟播種

依照《播種的基本》(p8～)播種等待發芽，等本葉長到夠大之後就準備移植。

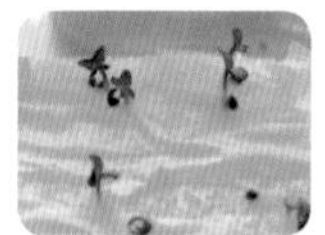

▶ Point
發芽的模樣如圖示。

2

移植幼苗

將幼苗連同海綿一起移植到茶包做的栽培包(p14)內。將幼苗海綿放到茶包內之後，在四周填滿膨脹蛭石。

▶ Point
將瀝水網放在水耕盤上，鋪上濾網，再鋪上1cm厚的膨脹蛭石，然後將茶包排列進去。注入營養液直到膨脹蛭石表面濕潤為止。

3

準備大的支架

用油性筆在啤酒用的大塑膠杯底部畫二個半圓，側面畫二個1cm大的橢圓形，然後沿線剪下來。

▶ Point

因為是會長得很大的蔬菜，所以一開始也準備大的支架。

4

準備栽培基質

將濾網剪成邊長5cm大小的正方形，鋪在支架的底部，裝進二小杯做為栽培基質的膨脹蛭石。

▶ Point

因為放入少量的膨脹蛭石，所以營養素很容易分布到根部。

5

移植到支架

將2育有幼苗的茶包放進做好的支架，排列到鋪有膨脹蛭石的水耕盤內。

▶ Point

在茶包的旁邊剪個缺口就可以剛好裝進支架。

6

守護生長

葉子一天一天的變大，收成的時刻也越來越接近。

▶ Point

因為營養液被大量的往上吸，所以要注意營養液是否乾掉。

小白菜

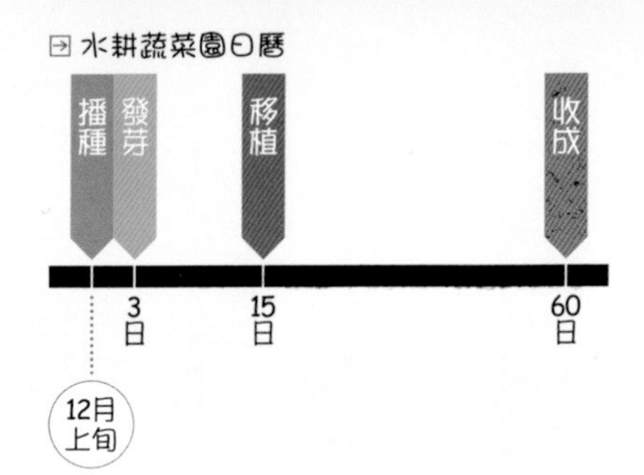

很少在日本店頭看到的蔬菜，是一種柔嫩沒有草味的白菜。醃漬過後很有咬勁，也很適合做燙青菜或炒來吃。

● 播種的時機

中間帶 ⊡ 全年

寒　帶 ⊡ 4月上旬～9月上旬

溫　帶 ⊡ 全年

1

移植到水耕盤

依《播種的基本》(p8～)步驟待其發芽，然後依《基本的栽種方法》(p10～)移植到水耕盤。

▶ Point

移植之後，生長速度會突然變快。

2

等待收成

注意不要讓營養液乾掉，守護蔬菜的生長。如果發現有藻類的話，將鋁箔紙剪掉和塑膠杯一樣大小的圓形，鋪上膨脹蛭石避光。

▶ Point

採收時，蔬菜的莖白透漂亮。

牛皮菜

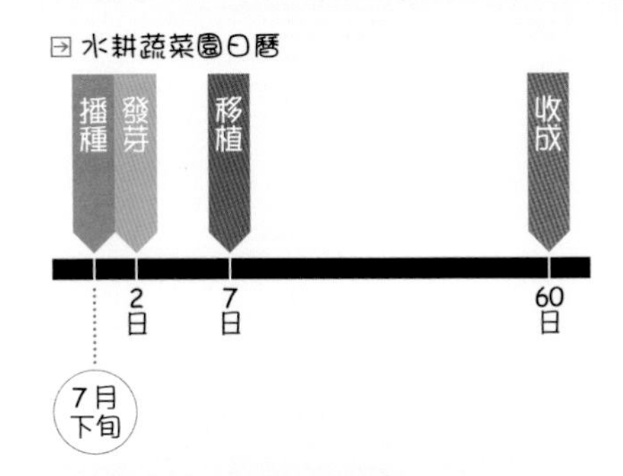

日本稱為「不斷草」是一種耐熱和菠菜同類的蔬菜。葉梗除了有紅色的以外，還有黃色、紫色…等種類繁多。

● 播種的時機

中間帶 ⊡ 4月上旬～9月下旬

寒　帶 ⊡ 5月中旬～8月中旬

溫　帶 ⊡ 3月中旬～10月下旬

1

將種子撒在育苗連結盒

在每個邊長3cm的育苗連結盒內裝上厚約2cm的珍珠石。直接在每個盒子撒上3～4顆種子，再撒上膨脹蛭石等待發芽。

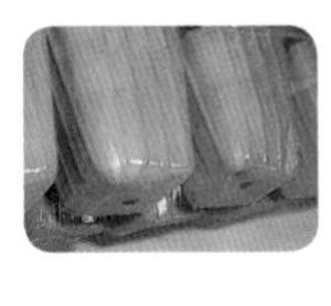

▶ Point

如圖般剪開每個盒子的四個角。播種後放到裝滿水的盤子內。

2

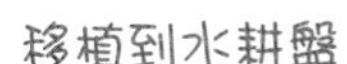

移植到水耕盤

長出本葉之後，準備移植。將育苗盒一一剪開，套上底部挖空的塑膠杯做為支架，放到水耕盤內繼續栽種。

▶ Point

水耕盤是一組裝滿營養液的盤子和瀝水網。在瀝水網上鋪上濾網，鋪上1cm厚的膨脹蛭石。

冰花
(ice plant)

水耕蔬菜園日曆

播種	發芽	移植	收成
9月下旬	7日	18日	60日

葉子表面的顆粒和不可思議的口感、以及淡淡的鹹味成為話題的新蔬菜生吃最對味。種在水耕蔬菜園裡，一定要現採現吃！

● 播種的時機

中間帶 → 2月中旬～4月上旬
8月下旬～10月下旬

溫 帶 → 2月中旬～4月上旬
8月下旬～10月下旬

1

播種在育苗連結盒

分別在邊長3cm的育苗連結合鋪上各深2cm的膨脹蛭石、珍珠石，直接撒上3～4顆種子。放到裝有水的盤子裡等待發芽。

▶ Point

發芽速度不一。鋪有珍珠石的育苗盒，即使發芽根部也不會往下鑽，本葉生長速度較慢。

2

準備栽培盆

利用優格的空瓶子。在底部打上好幾個洞。

3

移植幼苗

先在栽培盆內裝上八分滿的栽培基質，在距離發芽的1的幼苗的根部四周遠一點的地方用湯匙挖開，再填上栽培基質穩固幼苗。

▶ Point

栽培基質用1:1的膨脹蛭石和珍珠石充分混合使用。根非常細，所以要挖深一點小心不要傷到根部。

放置到水耕盤

將瀝水網放到盤子裡鋪上濾網，再鋪上1cm厚的膨脹蛭石，排列上3的栽培盆。

▶ Point

從瀝水網的旁邊注入營養液到表面濕潤為止。

用海綿穩固根部

蔬菜長大之後根部會因為葉子重量而不穩固。用《播種的基本》(p8～)所使用的海綿塞滿根部讓根部穩固。

▶ Point

此時葉子的表面會出現冰花特有的水滴般的顆粒。

盡情採收

側芽不斷的長出來，葉子越來越多。已經快要可以採收了。注意不要讓營養液乾掉。

▶ Point

因為根部不穩定，所以補充營養液時，要小心不要讓蔬菜倒下來。

西洋菜

不僅可以做沙拉還可以煮湯、煮火鍋用途廣泛，有較強的辛辣味特徵的蔬菜。栽種方面需要一點點技巧。

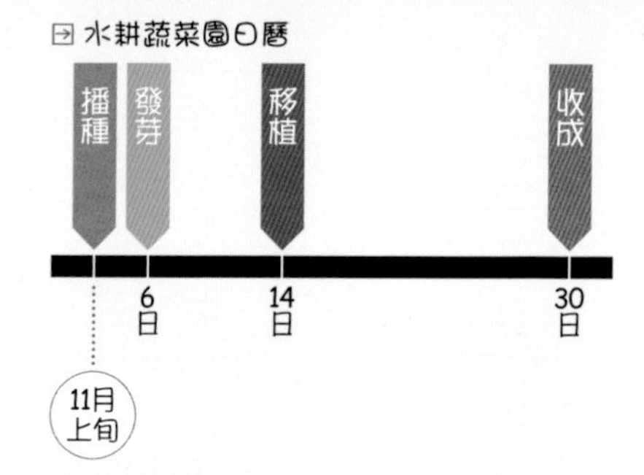

● 播種的時機

中間帶 ⇒ 2月下旬～11月上旬

寒　帶 ⇒ 3月上旬～10月中旬

溫　帶 ⇒ 2月中旬～11月下旬

1

移植到水耕盤

將經過《播種的基本》(p8～)發芽的幼苗每二株移植到一個大的茶包。茶包和幼苗的海綿之間塞滿膨脹蛭石穩定疫苗。

▶ Point

大茶包的栽培基質做法也一樣(p14)。將瀝水網放進裝有水的盤子裡，不要鋪膨脹蛭石直接將茶包放進去。

2

視生長狀況更換盤子

這是會從側芽長出根，逐漸往兩旁生長的蔬菜。因為葉子越來越多，所以要依生長情況移到大的盤子。

▶ Point

可以使用比瀝水網大一號或大二號的盤子。

芝麻菜

在家製作義大利料理時，無論如何都很想要用的葉類蔬菜。要不要簡單的栽種在水耕蔬菜園，盡情的享用呢?

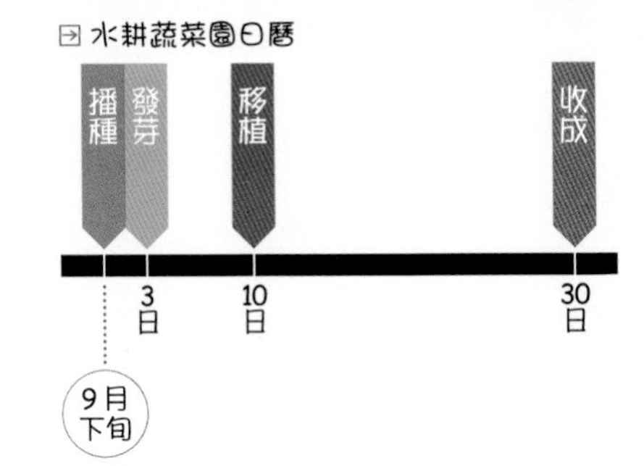

● 播種的時機

中間帶 ⊡ 4月上旬～7月中旬
9月上旬～10月中旬

寒　帶 ⊡ 5月中旬～9月中旬

溫　帶 ⊡ 3月中旬～6月下旬
9月中旬～11月上旬

1

移植到栽培包

將經過《播種的基本》(p8～)發芽的幼苗連同海綿一起放到栽培包(p14)內，裝入珍珠石直到蓋住海綿，再放到水耕盤內。

▶ Point

每一株長出來的葉子數量不多，所以播種時每一個海綿各放三顆種子。在水耕盤內裝深約1cm的營養液，將茶包直接放上去。

2

守護生長

長到這麼大之後，會散發出芝麻菜特有的芝麻香。注意不要讓營養液乾掉，等待收成。

羅勒
(basil)

⊡ 水耕蔬菜園日曆

播種	發芽	移植①	移植②	收成
	10日	14日	20日	20日

2月下旬 ※可以比標準的播種時期更早播種。

青醬(Genovese sauce)或瑪格莉特披薩(Pizza Margherita)等有很多料理需要這種香草。除了在水耕蔬菜園可以長到很大之外，還可以長期採收，所以能盡情使用。

● 播種的時機

中間帶 ⊡ 4月中旬～6月下旬

寒　帶 ⊡ 5月上旬～6月下旬

溫　帶 ⊡ 3月下旬～6月下旬

1

製作一開始的水耕盤

在茶包內裝上一小杯的膨脹蛭石，放上經過《播種的基本》(p8～)發芽的幼苗的海綿，添加膨脹蛭石到海綿的高度。

▶ Point

發芽速度比萵苣類蔬菜慢，不過不用擔心。不用鋪膨脹蛭石將移植好幼苗的茶包直接放到瀝水網上，再放到裝有營養液的水耕盤中。

2

準備第二次移植

葉子長到這麼大之後，開始準備移植到比栽培包大的盆子裡。將膨脹蛭石和椰殼纖維混合(p19)做為栽培基質用。

▶ Point

瀝水網上再蓋上一層濾網後，鋪1cm厚的栽培基質，水耕盤就完成。

3

小心的移植

如上圖般將長出幼苗的茶包栽培包剪至海綿的高度，移植到邊長8cm四方形的盆子裡。

▶ Point

盆子底部鋪上厚約5mm的栽培基質，放上幼苗的茶包，盆子之間再裝進栽培基質。

4

放進水耕盤內

將瀝水網放進裝有高1cm左右營養液的水耕盤中，鋪上濾網再鋪上厚約1cm的栽培基質，將栽培盆排列進去。

5

插上支柱

將盆子排進水耕盤之後，各插上一根竹籤做為支柱。插的位置要靠近根部。穿過葉子和葉子之間也可以。

▶ Point

移植到盆子之後，生長速度會變快，也會大量吸取營養液，所以要注意不要讓營養液乾掉。

6

採收時刻到了

第二次移植後二十天後會長到這麼大。

▶ Point

在室內也會長得很旺盛。快速的生長，可以長到70cm左右。

芫荽

是一種英文名稱為coriander、中國稱為香菜，廣受各種料理愛用的香草。現摘的更加芳香。

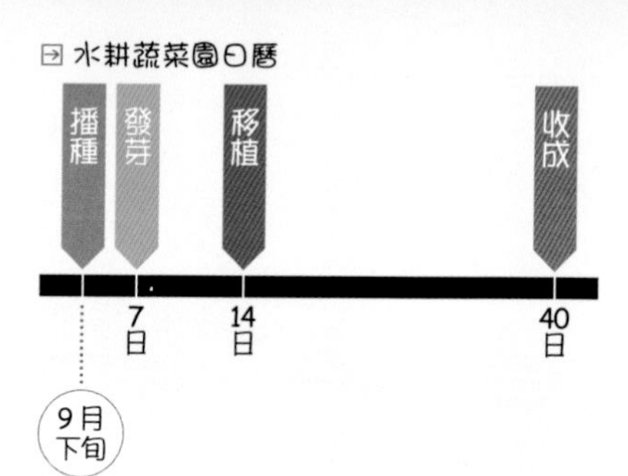

● 播種的時機

中間帶 4月中旬～8月下旬
9月中旬～10月中旬

寒　帶 5月中旬～8月中旬

溫　帶 4月中旬～8月下旬
9月中旬～10月中旬

1

移植到栽培包

將經過《播種的基本》(p8～)發芽的幼苗連同海綿兩個兩個一起移植到大的茶包，裝入珍珠石蓋住海綿，放到水耕盤中。

▶ Point
在水耕盤內注入深約1cm的營養液，將茶包直接放上去。

2

享受生長的過程

長到這麼大之後，可以用來點綴料理。補充營養液時，一株株採收也是一件很愉快的事。

▶ Point
根部佈滿珍珠石。

韭菜

『古事記』和『萬葉集』裡也有記載的自古就有的蔬菜，日式料理非常愛用。營養也很豐富，要不要種在自己家裡拿來當做主食呢？

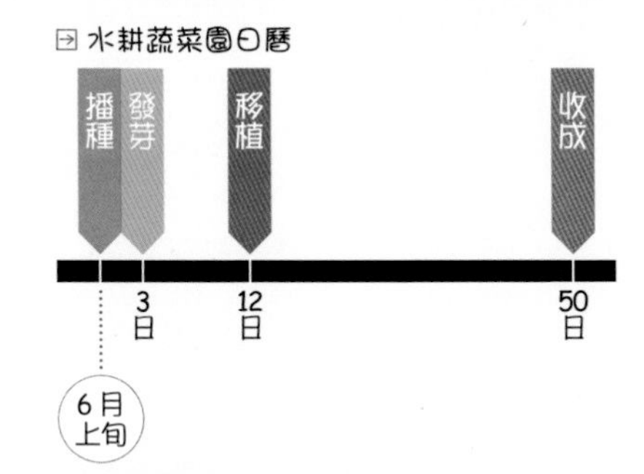

● 播種的時機

中間帶 3月中旬～6月上旬
9月中旬～10月上旬

寒　帶 3月中旬～6月上旬
9月中旬～10月上旬

溫　帶 3月中旬～6月上旬
9月中旬～10月上旬

1

播種在茶包內

移植經過《播種的基本》(p8～)發芽的幼苗。一次九塊放到瀝水網上鋪有膨脹蛭石的水耕盤上，蓋上剪成二半的保特瓶。

▶ Point
保特瓶從中剪成二半，頭尾剪掉做為支架用。蓋上幼苗之後，輕輕放入膨脹蛭石到蓋住海綿的程度。

2

守護成長

隨時補充營養液保持瀝水網上膨脹蛭石表面濕潤，守護蔬菜的成長。

▶ Point
剛移植好的葉子很細，不過會越長越粗。

蒜芽

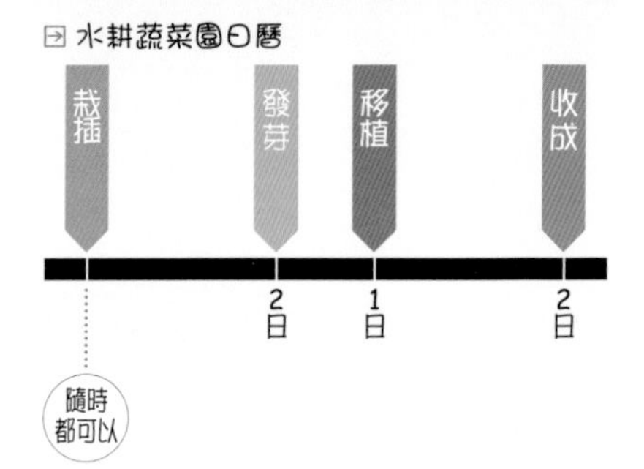

一旦吃過之後，喜歡大蒜的人就會上癮。栽種在水耕蔬菜園一個月可以採收三次，生長快速。也常被用來提味，是不錯的蔬菜。

● 栽插時機

中間帶 ⇒ 全年

寒　帶 ⇒ 全年

溫　帶 ⇒ 全年

1

剝開蒜頭做種子

將一般使用的蒜頭剝開，去皮。不好剝時，在長根的地方和薄皮之間插上竹籤就會比較好剝。

▶ Point

不必是栽培用的種球，一般店頭賣的蒜頭就可以。國產或進口的都可以。

2

幫助發芽

將大蒜裝進適當大小的容器內，上面覆蓋濕的衛生紙。

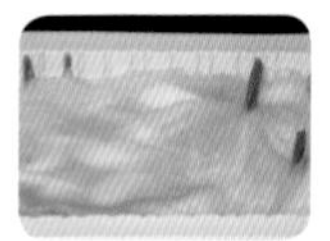

▶ Point

二天就會長出大的綠芽。原本買來料理用的蒜頭，一直放著不用而發芽的蒜頭也可以。

3

清除黏液

放到瀝水網，輕輕的水洗去除黏液。

4

製作栽培床移植

準備深3cm左右的盤子，鋪滿珍珠石，用免洗筷等鑽大一點的洞，將發芽的大蒜塞進去。塞好之後，輕輕的注入自來水。

▶ Point

埋入大蒜時，蒜芽的朝向不整齊也OK。注入自來水淹至珍珠石表面。大蒜本身有養分故只用自來水就能充分培育。

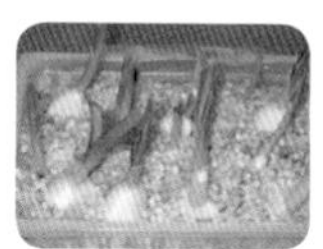

很快就可以開始採收

才二天就會長到10cm左右。長到這麼大之後切除莖的根部採收最為美味。不切莖連蒜頭一起吃也可以。

▶ Point

只移植一天，彎曲的芽就會變得很直。

努力採收

每一天都不斷的生長。剛採收就又發芽，一個月可以採收三次。

▶ Point

每天都有大蒜發芽的話，就可以每天採收。

蔥
〔京都九條蔥〕

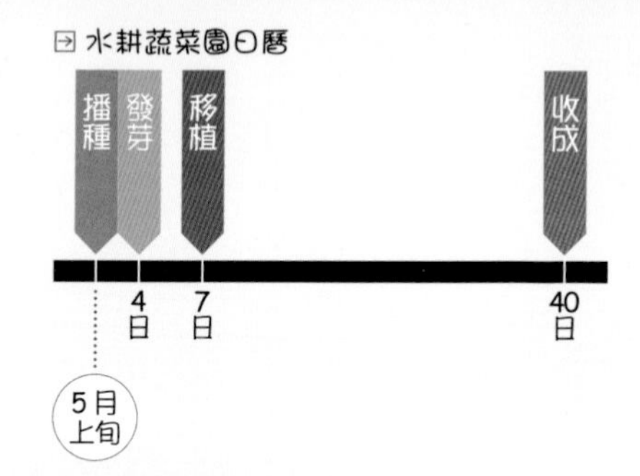

栽種日本代表性青蔥九條蔥。栽種在水耕蔬菜園的蔥，味道自不用說，看起來也很青翠漂亮。

● 播種時機

中間帶 ⇒ 全年
寒 帶 ⇒ 4月上旬～5月下旬
溫 帶 ⇒ 全年

1

播種在栽培包

用茶包製作栽培包(p14)，裝進膨脹蛭石，直接播種。排列在深一點的盤子裡，從旁邊注入自來水。

▶ Point

播種時一個茶包放十顆左右。注入自來水直到膨脹蛭石表面濕潤為止。

2

移植到必備的水耕盤

長到10cm左右之後，移植到瀝水網和盤子組成的水耕盤。在茶包的四周包上避光用的鋁箔紙。

▶ Point

移植到瀝水網，是為了讓氧氣能抵達根部。之後用營養液栽種。營養液保持在蓋過瀝水網上面的程度。

3

守護成長

注意不要讓營養液乾掉，看幼苗越來越有蔥的樣子。

4

用透明封套做支架

葉子長長之後，剪掉透明封套(聚丙烯材質有彈性的封套)的頭尾，套住茶包做為支架。

▶ Point

沒有支架的話，只能長到像圖片般大小。

5

採收時刻到了

長到一般蔥的長度之後，就可以採收。慢慢採收的話，可以採收將近二個月。要在葉尖變成褐色之前吃完。

6

盡情採收

只需要用透明封套做支架這一點點技巧，就可以長到像報紙那麼長。

▶ Point

幾乎沒有藻類產生是因為移植時有鋪上鋁箔紙的緣故。

水耕蔬菜園是如此的完美！

令人無法相信可以簡單栽種蔬菜的水耕蔬菜園。
還有很多魅力。

A
在室內也可以栽種蔬菜

設備的移動也很簡單，
大的蔬菜也長得出來。

B
只要用一種肥料

不用煩惱要選擇哪一種
肥料、也不會失敗。

C
不需要土壤

不管是種哪一種蔬菜，
所使用的材料都一樣。

D
不會有連作障礙

可以反覆栽種同樣的蔬菜。

E
沒有土壤的病蟲害

沒有會咬傷根部的蟲害

F
蔬菜營養價值高

因為根部會瞬間吸收肥料。

Part 3

水耕蔬菜園也可以輕鬆的種植道地蔬菜！

用土壤栽種的話，相當費時費工很難栽種的蔬菜，
有了水耕蔬菜園也可以簡單輕鬆的栽種。
省卻挑選土壤、肥料、澆水、施肥…的麻煩，
來享受果菜類、根菜類、豆類等水耕栽種的樂趣。

！ 自64頁起各種蔬菜的「水耕蔬菜園日曆」是我在神奈川縣橫須賀市水耕蔬菜園的參考標準。
播種和栽種的時機請參考市售種子包裝的標示，配合居住地的氣候選購。

迷你番茄〔fellow〕

春天園藝商店最受歡迎的就是番茄幼苗。現在來說明就算種在陽台也不會失敗的栽種方法。

● 播種的時機

中間帶 ⊡ 4月下旬～6月下旬

寒　帶 ⊡ 5月中旬～6月中旬

溫　帶 ⊡ 4月中旬～7月上旬

1

製作水耕盤

用電烙鐵在直徑15cm的小盆子(5號)的側面、靠近底部的位置鑽很多個洞。

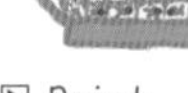

▶ Point

如果覺得在盆子上鑽洞很麻煩的話，可以用直徑15cm高15cm左右的小瀝水網代替。瀝水網通氣性佳反而方便。

2

組合水耕盤

將濾網蓋在盆子上，鋪上深約3cm的膨脹蛭石。

▶ Point

濾網的大小必須在裝進膨脹蛭石之後，可以反摺到盆子的邊緣。如果是小的濾網可以二張重疊。

3

移植幼苗

依照《市售幼苗的栽種方法》(p16～)的步驟將在店裡買來的幼苗移植到2的盆子裡。

▶ Point

從買來的育苗盆中連土將幼苗取出，放在膨脹蛭石上面，在水耕盆和土壤之間塞滿膨脹蛭石穩固幼苗。

組合水耕盤

在比水耕盆大一號的容器(托盤等)裡注入深約1cm左右的營養液，放上水耕盆，插上免洗筷做支撐。

▶ Point

組合好之後生長會較快速，所以要注意不要讓營養液乾掉。番茄的幼苗容易彎曲，所以需要支撐。

注意營養液的補充

開始真正快速生長之後，一天需要補充二次的營養液。換大的盤子，裝設《自動給水器》(p20)就很省事。

▶ Point

會長出側芽，用水耕蔬菜方式栽種的話不摘除任由生長也沒關係。

設計支撐枝葉的方法

如果不摘除側芽的話，枝葉會越來越茂盛。豎立真正的支柱(p66)或用大型盆架代用也可以。

▶ Point

將這種大型的盆架倒過來使用。跳過此步驟，架設真正的支柱也可以。

7

架設真正的支柱

開始結果實之後，6 的代用支柱會支撐不住倒下來，所以要架設真正的支柱。

▶ Point

架設支柱還是不牢靠的話，可以將整個水耕盆放進大的箱子裡防止傾倒。

● 架設支柱的方法 ●

鬆垮的膨脹蛭石就算插上支柱也會搖搖晃晃無法固定。
配合水耕蔬菜園的場所，用這些方法架設支柱吧。

A 園藝店會販售有架設支柱用的有孔容器。把栽培盆放在裡面，把支柱插在支柱孔內。

B 也可以把支柱綁在陽台的欄杆上。把栽培盆放在很近的地方栽種。要綁緊以免被風吹走。

C 如果是在走廊或陽台曬衣場有可以吊東西的地方的話，把支柱吊在上面。栽培盆綁在下面的話會比較牢靠。

8

盡情採收

將幼苗移植到水耕盆之後，大約二個半月果實就會開始變色。接下來就是採收的時刻了。每天都可以吃到新鮮的番茄。

▶ Point

用水耕蔬菜園栽種會長出很多果實。支柱支撐不住時，在水耕盤的周圍放上磚塊鎮壓，就可以防止傾倒。

中型番茄
〔金巴利〕

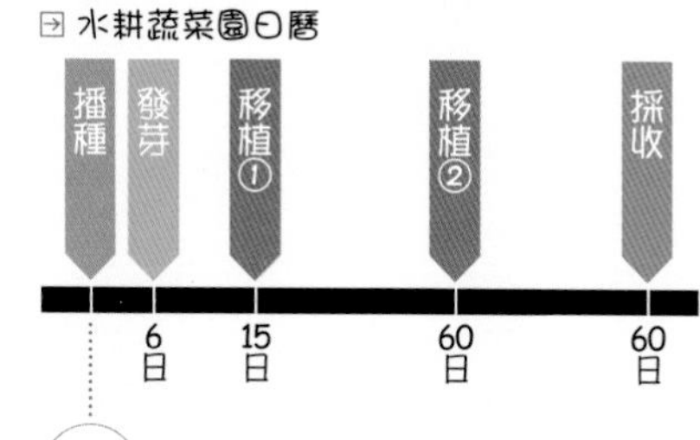

栽種金巴利品種番茄。和義大利名酒一樣的名稱，是可以整串採收的高級番茄的代名詞。利用水耕蔬菜園栽種最受世人喜愛的品種！

● 播種的時機

中間帶 ⇒ 2月下旬～4月下旬

寒　帶 ⇒ 3月中旬～4月中旬

溫　帶 ⇒ 2月下旬～5月下旬

1

用基本的方法播種

雖說是高級番茄，栽種方法和《播種的基本》(p8～)一樣撒上種子等待發芽。

▶ Point

一塊海綿一顆種子。約六天左右就會發芽。發芽速度比葉類蔬菜慢，會長出如下圖般的嫩芽。

2

準備移植

本葉長大之後，就開始準備移植。長到如右圖般大小的時候就是該移植的時候。

3

準備移植用的小盆子

用剪刀在邊長3cm的小育苗盆的底部四個角各剪出一個1cm左右的縫，鋪上濾網裝進一小杯的膨脹蛭石。

▶ Point

根部也如圖般生長。如果是連結育苗盆的話，就一一剪開。

4

不要傷及根部移植

將長有幼苗的海綿不要損傷根部輕輕的放進邊長3cm的育苗盆內，用湯匙將膨脹蛭石放進盆子和海綿之間。

▶ Point

如圖般盆子和海綿成對角線放置，就比較好放膨脹蛭石。最後，從上面裝入膨脹蛭石直到看不見海綿為止。

5

放置到水耕盤

在水耕盤裝深約1cm的營養液，將4的盆子從旁邊依序排列進去。

6

架設小的支柱

移植到盆子裡用營養液栽種之後，生長速度會突然變快。番茄的枝容易彎曲，所以長到如圖般大小之後就插上免洗筷做支撐。

7

準備正統的水耕盆

從現在起番茄會真正的開始生長。用塑膠垃圾桶做為水耕盆。用電烙鐵在底部和側面盡量鑽很多孔。

▶ Point

如果覺得用電烙鐵鑽洞很麻煩的話，可以用口徑15cm、深15cm的廚房用瀝水網。

裝進栽培基質

在7的水耕盆內鋪上濾網，在裝進深約5cm左右做為栽培基質的膨脹蛭石，稍微壓實。

放置幼苗架設支柱

把幼苗從原本生長的盆中取出，將根部有膨脹蛭石附著的幼苗直接放進8的水耕盆中央，在靠近根部的栽培基質架設1m左右的支柱。

▶ Point

一隻手扶著番茄的莖，一隻手輕輕的取下盆子就會比較容易拔出幼苗。

放置到水耕盤

準備深約5cm左右的盤子。注入深約1～2cm的營養液放上水耕盆，守護番茄的生長狀況。

▶ Point

營養液要常保1～2cm的深度，避免乾掉。

11

增加營養液的量

移植之後一個月生長會更快，營養液的消耗也會特別快。會來不及補充營養液，所以早上要盡量將水耕盤裝滿營養液。

▶ Point

側芽也會不斷的長出來，不要摘除讓他越長越多也沒關係。

12

確認是否結出果實

同時期會開始長出果實。檢查是否有長出翠綠的果實，等待收成。

▶ Point

整串番茄從最上面開始變紅色。

13

善加利用自動給水器

開始結果之後，水分吸收會更加旺盛，而且夏天水分蒸發也會比較快，所以一天要補充2～3次的水分。善加利用《自動給水器》(p20)。

14

享用自家種的高級番茄

移植到水耕盤之後大約二個月，七月上旬就可以開始採收。整串摘除的時候要細心的用剪刀剪下來以免果實掉下來。

測量看看採收下來番茄的大小，直徑大約4.5cm，是非常漂亮的中型番茄。

從高級番茄採取種子

1

用菜刀切開番茄，用湯匙將種子刮到小盤子。

▶ Point

在自家的水耕蔬菜園栽種市售的高級番茄。

↓

2

將刮下來的種子連同汁液裝進茶包內。

▶ Point

汁液自然的從茶包中流出。

↓

3

用自來水從茶包上面沖下去，清除黏液。

▶ Point

盡量將膠狀物清除掉，不過有殘留也沒關係。

↓

4

整個茶包用報紙夾起來放置一個晚上。隔天就是可以栽種的種子了 !!

▶ Point

種子會沾黏在報紙上，要把種子剝下來。

小黃瓜

⊡ 水耕蔬菜園日曆

移植	採收
5月中旬	30日

可以說是夏天代表性蔬菜的小黃瓜。在黃瓜上面的疙瘩會刺痛手，新鮮的時候品嚐小黃瓜是何等幸福啊。現在來介紹用市售幼苗栽種小黃瓜的方法。

● 移植時機

中間帶 ⊡ 5月上旬～8月中旬

寒　帶 ⊡ 5月下旬～7月中旬

溫　帶 ⊡ 4月下旬～8月下旬

1

製作水耕盆和水耕盤

混合使用膨脹蛭石和椰殼纖維(p19)。依《市售幼苗的栽種方法》(p16～)步驟將幼苗移植到水耕盆。放置到注有營養液的水耕盤。

▶ Point

營養液的量要維持在深約1cm左右。

2

架設藤蔓攀爬的藤架

移植到水耕盤的幼苗會加速生長。移植十天後要架設木框或網子讓藤蔓攀爬。

▶ Point

請參考右圖的說明，設計適合栽種場所藤架的架設方法。

藤架的架設方法

像小黃瓜和絲瓜、苦瓜般會長出藤蔓的蔬菜會沿著藤架攀爬。依水耕蔬菜園的場所利用下列方法架設藤架。

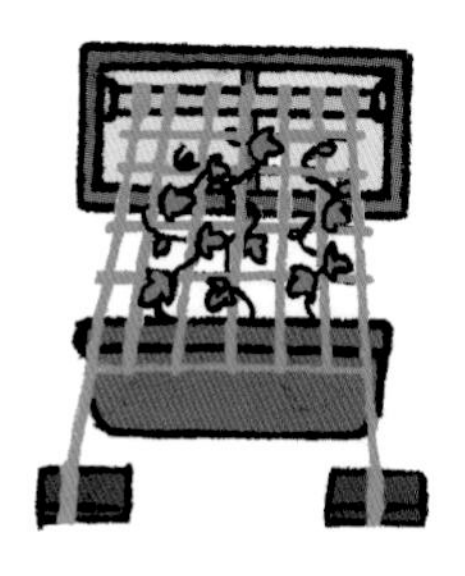

A 在窗外架上伸縮桿固定網子的上端，下端用磚塊固定在地面上。如果沒有窗戶的話，可以使用吸附在水泥牆上的掛鉤。

B 如果陽台有欄杆的話，可以不用特地架設網子用欄杆來代替。也可以將籬笆用的金屬網綁在欄杆上。

C 到園藝店購買拱型的支柱。架設網子的方法也是。如果沒有地方可以將支柱插入地面的話，也有拱型支柱可用的容器。

3

用保冷袋防雨

根部會被雨淋傷的季節。在保冷袋底部鑽很多個洞，將從2的水耕盆中取出的幼苗連同網子一起移植。拉鍊不要拉到底，讓莖從該處鑽出。

▶ Point

使用350ml啤酒罐六罐裝的保冷袋。將四個角的邊緣剪掉，確保空氣流通。想要完全的防雨的話，用購物袋整個蓋住，開口綁起來就可以。

4

盡情採收

將買來的幼苗移植到水耕盤之後，不用一個月就會開始結果。之後就會來不及採收。

▶ Point

根部如圖般在保冷袋裡面長得密密麻麻。如果有雨水跑進去積在裡面的話，就要丟棄。

苦瓜

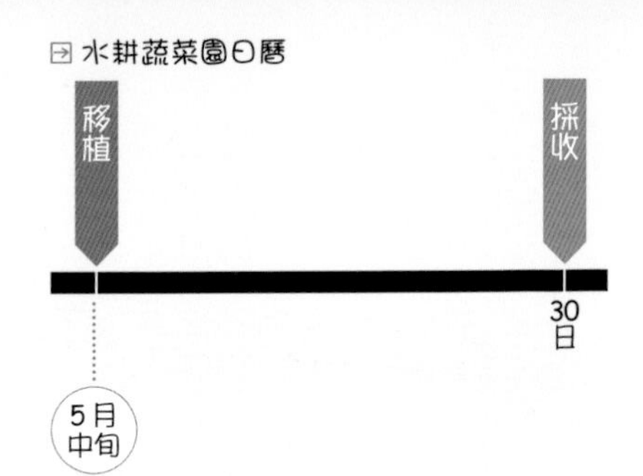

為了省電而流行的綠色花園。栽種滿園的蔬菜，像苦瓜一般在水耕蔬菜園除了打造漂亮的花園以外，還能夠採收很多苦味的果實。

● 移植時機

中間帶 ⇒ 4月下旬～6月中旬

寒　帶 ⇒ 5月中旬～6月中旬

溫　帶 ⇒ 4月中旬～5月中旬

1

用保冷袋栽種

和小黃瓜一樣，將買來的幼苗先移植到水耕盆等到根部紮實之後，連同網子裝進小的籃子裡移到保冷袋栽種。

▶ Point

營養液直接注入保冷袋(深約1cm左右)。如果是走廊或陽台等雨水不易打到的地方，就不需要用袋子栽種。栽種在庭院等無法避開雨水的地方，就要考慮栽種在袋子裡。

2

架設藤蔓攀爬的藤架

和小黃瓜一樣，架設木框或網子般可以讓藤蔓攀爬的藤架(請參考p73)。幼苗買來之後大約一個月，就會結滿纍纍的果實。

絲瓜

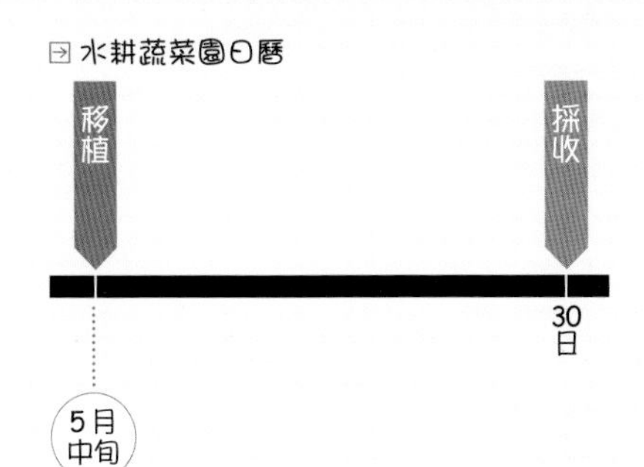

在店頭只有夏天才買得到的絲瓜。絲瓜的米糠醬菜是日本夏天的景物。絲瓜的種類繁多，所栽種的是表面有條紋的絲瓜。

● 播種的時機

中間帶 ⇨ 4月下旬～5月下旬
寒　帶 ⇨ 5月中旬～6月下旬
溫　帶 ⇨ 4月上旬～5月中旬

1

用保冷袋栽種

和小黃瓜及苦瓜一樣，將買來的幼苗先移植到水耕盆，等根部紮實之後，連同網架一起裝到籃子移到保冷袋栽種。

▶ Point
營養液直接注入保冷袋(深約1cm左右)。

2

將保冷袋墊高

和小黃瓜及苦瓜一樣架設藤架。此時，很重要的一點就是不將保冷袋直接放在地上，而是放在水泥磚塊等適當的台子上。

▶ Point
放在台子上除了可以減少陽光照射到地面反射出來的熱影響，也可以避免長在土裡的昆蟲跑到保冷袋內。

南瓜

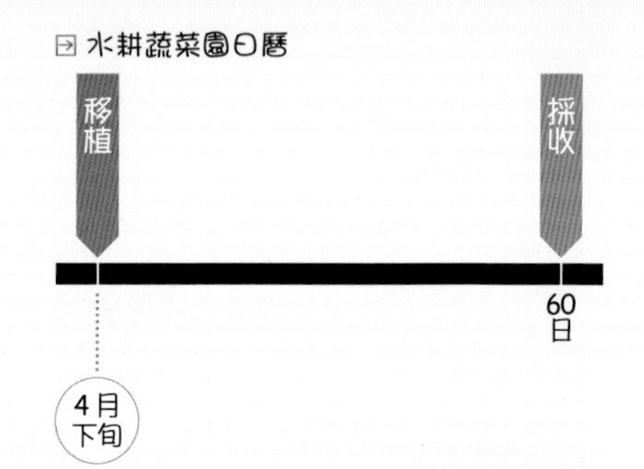

如此沉甸甸的蔬菜竟然也可以種在設備簡單的水耕蔬菜園裡！塊頭雖小，但是充滿了甘甜喜悅的栽種的充實感。

● 移植時機

中間帶 ⊡ 4月中旬～5月中旬

寒　帶 ⊡ 5月中旬～6月中旬

溫　帶 ⊡ 3月中旬～4月下旬

1

用營養液維護幼苗

幼苗買來之後沒有要馬上移植的話，放到裝有營養液的盤子裡就可以。利用這幾天的空檔準備水耕盆。

▶ Point

和番茄一樣可以使用廚房用瀝水網就不用在盆子上打洞。如果市售的育苗盆太大的話，就準備裝得下幼苗的盆子、廚房瀝水網。

2

移植到水耕盆

依《市售幼苗的栽種方法》(p16～)步驟移植幼苗，放到裝有1cm深的營養液的水耕盤裡。

▶ Point

此時製作了一個用珍珠石做栽培基質的盆子、一個用膨脹蛭石和椰殼纖維混合的栽培基質。

3

架設小的支柱

南瓜的幼苗大部分是葉子已經長到很大後才販售，所以移植後用免洗筷在分枝的枝葉之間架設支柱。

4

注意營養液的補充

南瓜葉子很大吸水速度很快，所以必須注意營養液是否足夠。請善加利用《自動給水器》(p20)。

5

放到架上栽種

南瓜是藤蔓會在地面擴展生長的蔬菜。沒有寬廣的地方栽種的話，可以將水耕盆放在架上讓藤蔓往下延伸。

▶ Point

將買來的幼苗移植到水耕盆枝後一個半月左右就會開花。有一種方法是在早上將雄花的花粉沾在雌花的柱頭上受粉。

6

盡情採收

移植到水耕盆之後大約二個月就可以開始採收。可以採收到大約半個寶特瓶高的南瓜。

▶ Point

南瓜重約400g。

茄子

⊡ 水耕蔬菜園日曆

移植　6月下旬

採收　30日

在日本傳說裡不可以給媳婦吃的秋季盛產的茄子：長茄子、水茄子、米茄子三種。因為曬足了夏天的陽光，秋天才會結出美味的果實。

● 播種的時機

中間帶 ⊡ 5月上旬～6月下旬

寒　帶 ⊡ 5月中旬～6月下旬

溫　帶 ⊡ 4月中旬～6月下旬

1

準備移植幼苗

在水耕盆側面下方鑽很多洞鋪上濾網以利將三種幼苗依《市售幼苗的栽種方法》(p16～)步驟移植到水耕盆。

▶ Point

和番茄一樣可以使用廚房瀝水網就不用在盆子鑽洞。市售幼苗的盆子如果太大的話，準備裝得下的盆子、廚房瀝水網。

2

移植到水耕盆

將幼苗連土從育苗盆取出放到裝有深3cm栽培基質的水耕盆，在填滿栽培基質。

▶ Point

栽培基質是將膨脹蛭石和椰殼纖維混合使用(p19)。移植到水耕盆之後，放到裝有深1cm營養液的水耕盤。

3

▶ Point

栽培基質無法支撐眾多果實的重量，雖然用膠布將支柱黏在水耕盆的側面，不過p66的方法比較牢靠。

架設支柱

因為生長快速，所以移植後二週左右要架設支柱。

▶ Point

移動方便是水耕蔬菜園的優點。移到室內的話，只要一個小時就會恢復得精神奕奕。

視陽光強度移動位置

茄子的葉子曬太陽很容易枯萎，所以當陽光普照時就移到走廊下。

風勢太強時要避免傾倒

八月到九月是颱風季節。風勢很強的時候，用磚塊增加重量，預防傾倒。

6

▶ Point

果實太大的話皮會變硬，味道也會差強人意。所以要在適當時機採收。

盡情採收

八月下旬開始刮起秋風就差不多可以採收了。可以依序採收水茄子、長茄子、米茄子。

島辣椒

和島辣油一樣很有人氣比朝天椒還要小、沖繩的特產辣椒。陰乾之後的辣椒泡在燒酒醃漬就成為一道外觀也很美麗的調味料。

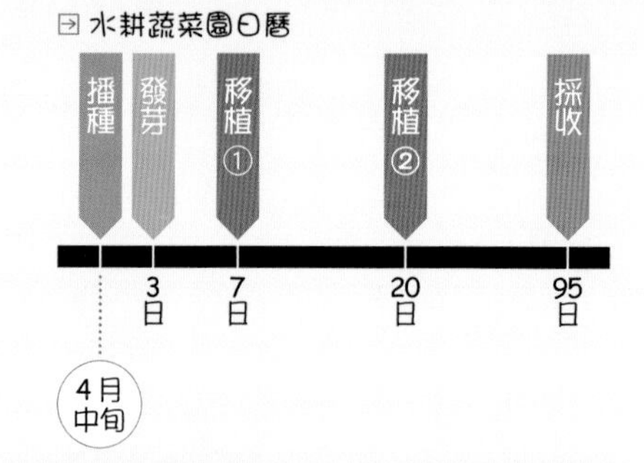

● 播種的時機

中間帶 ⊡ 3月中旬～7月中旬

寒 帶 ⊡ 5月上旬～7月上旬

溫 帶 ⊡ 3月上旬～7月下旬

1

採基本方法使其發芽

沖繩縣宮古島送來的種子也依《播種的基本》(p8～)步驟播種發芽。

2

移植到育苗盆

本葉長大之後，移植到邊長3cm見方的小連結育苗盆，放到裝有深約1cm營養液的水耕盤。不要忘了剪開育苗盆四個角落。

▶ Point

在育苗盆底部裝上深約1cm膨脹蛭石做為栽培基質，再將幼苗海綿放在上面。然後在盆子和海綿之間填滿膨脹蛭石，用膨脹蛭石覆蓋住海綿。

3

移植到水耕盆

葉子長大之後，移植到五號(直徑15cm)的盆子。和番茄一樣，在盆子的側邊打洞，或用瀝水網。

▶ Point

移植到水耕盆之後，生長快速。一個半月就會到和人一樣高。

4

支撐葉子

小小的果實葉子卻是出人意料的茂盛，所以用栽培迷你番茄也有用過的大型盆架做支撐。

5

颱風天移到室內避難

夏季栽種蔬菜都一定會遇到颱風。天氣預報將有颱風來臨時，就移到室內避開颱風。

6

盡情採收

移植到水耕盆之後大約二個半月，八月上旬左右就可以開始採收。

▶ Point

雖然要等很久才可以開始採收，但是採收期也很長，可以採收到年底。

燈籠辣椒
(Habanero Chili)

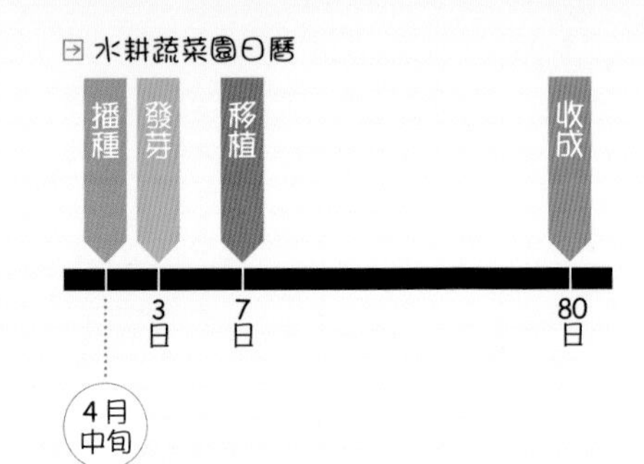

據說是世界上第二辣的辣椒。會結出橘色好像把青椒縮小的嬌小可愛的果實。是水耕蔬菜園最好種的蔬菜之一。

● 播種的時機

中間帶 ⇒ 4月上旬～6月中旬

寒　帶 ⇒ 5月中旬～6月下旬

溫　帶 ⇒ 3月上旬～6月上旬

1

用連結育苗盆栽種

和島辣椒一樣，經過《播種的基本》(p8～)播種發芽之後，在育苗盆栽培三週左右就移植到水耕盆。

▶ Point

雖然不像島辣椒一樣，但是葉子會往旁邊生長，所以放到網狀的金屬籃子上栽種。可以利用圓形支柱集中枝葉。

2

盡情採收

移植後會比島辣椒早二週結果採收。

▶ Point

因為非常辣，所以雖然可以採收很多但是使用的方法有限，泡在橄欖油裡醃漬，就成為一道方便的調味品。

綠色花椰菜
(broccoli)

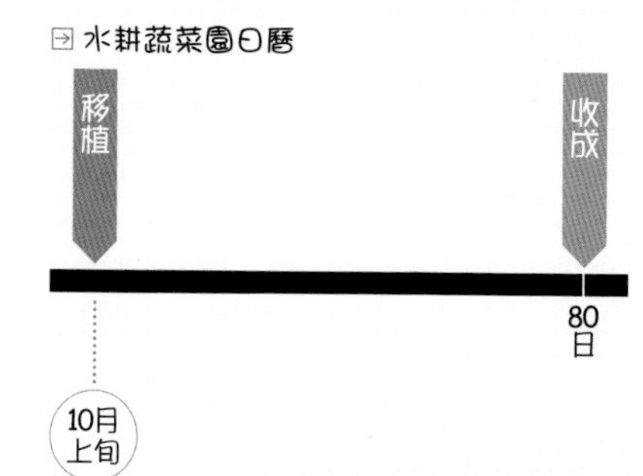

西式、日式、以及中式料理。或蒸或烤可以愛怎麼煮就怎麼煮的萬能蔬菜，居然可以在家裡栽種，真是太好了！

● 播種的時機

中間帶 3月上旬～4月中旬
8月下旬～10月上旬

寒 帶 4月上旬～4月下旬
7月上旬～8月上旬

溫 帶 2月中旬～4月上旬
9月上旬～10月上旬

1

移植到水耕盆

將買來的幼苗依《市售幼苗的栽種方法》(p16～)步驟移植到水耕盆，然後放到水耕盤。

▶ Point

用膨脹蛭石做栽培基質。

2

盡情採收

長到比擺在超市等店頭的模樣還要高。注意不要讓營養液乾掉，等待收成。

▶ Point

冬令蔬菜。十月上旬移植的話，年底就可以採收。

花椰菜

新鮮的話也可以生吃是它的魅力所在。種在自家水耕蔬菜園，現摘現吃也可以，或蒸或燉也可以！

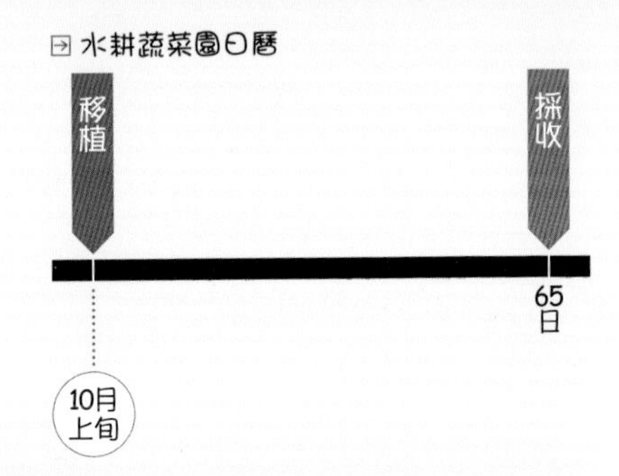

● 移植時機

中間帶 → 4月上旬～5月上旬
8月上旬～10月上旬

寒　帶 → 5月中旬～7月中旬

溫　帶 → 3月上旬～5月上旬
8月下旬～10月中旬

1

將幼苗移植到水耕盆

和綠色花椰菜一樣，將買來的幼苗依《市售幼苗的栽種方法》(p16～)步驟移植到水耕盆，放到水耕盤中。

▶ Point
用膨脹蛭石做栽培基質。

2

盡情採收成

栽種期間比綠色花椰菜短約二個禮拜，可以較早採收。白色的花蕾長到直徑10cm左右就可以採收。

▶ Point
太慢採收會變黃，所以不要錯過採收時機。

蕪菁

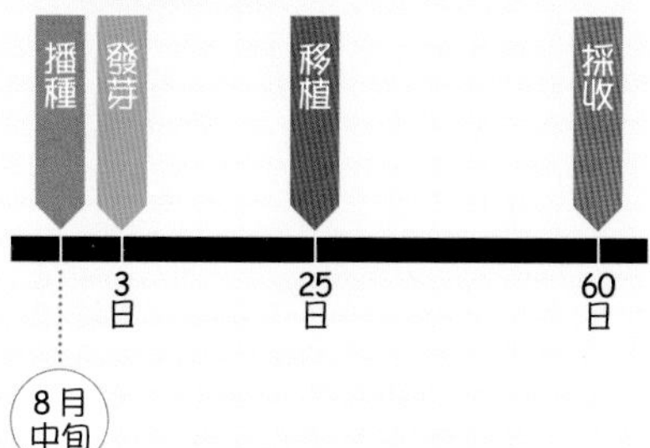

不管是果實或葉子都很美味的根菜類，渾圓的果實在栽培包內越長越圓，呈現出水耕蔬菜園才有的光景。各位一定要種種看這一種蔬菜。

● 播種的時機

中間帶 ⊡ 3月中旬～10月下旬

寒　帶 ⊡ 4月中旬～9月下旬

溫　帶 ⊡ 3月中旬～11月中旬

1

將幼苗移植到栽培包

將經過《播種的基本》(p8～)步驟發芽的幼苗連同海綿一起放進茶包的《栽培包》(p14)內，套上專用的支架，排到裝有營養液的水耕盤內。

▶ Point

使用膨脹蛭石做為栽培基質。將幼苗的海綿放進栽培包，填滿週圍。大約一個月就會如圖般長出葉子。

2

盡情採收

移植到栽培包之後，不用一個月就會長出小小的果實。再過四十天就可以採收。

▶ Point

在小的栽培包長到直徑大約6cm。

芋頭

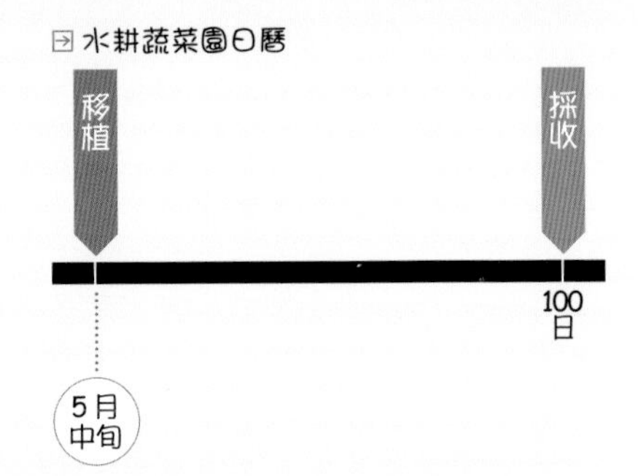

薯類讓人感覺都是在陰暗的土壤裡靜靜的長大，在不需用土的水耕蔬菜園也可以長得很漂亮，首先來介紹芋頭的栽種方法。

● 移植時機

中間帶 ⊡ 5月上旬～5月中旬

寒　帶 ⊡ 5月下旬～6月上旬

溫　帶 ⊡ 4月下旬～5月上旬

1

準備移植

準備移植買來的幼苗。將濾網鋪在直徑・深約15cm左右的瀝水網上，做為水耕盆。準備栽培基質。

▶ Point

要選擇芽初從土壤上筆直往上生長的幼苗。

2

小心的移植

依《市售幼苗的栽種方法》步驟在水耕盆內裝上深約3cm的栽培基質，將幼苗連土一起放進去，在盆子和幼苗之間的空隙填滿栽培基質。

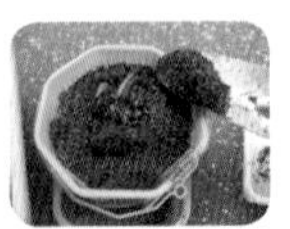

▶ Point

最後撒上栽培基質覆蓋幼苗的土。

3

放置到水耕盤

在水耕盤內注入營養液直到水耕盆內的栽培基質表面濕潤為止。

▶ Point

放置到水耕盤之後，很快就會長出葉子。移植之後，才兩天就長成如圖般大小。

4

根據吸水量補充營養液

隨著葉子的生長吸水量越來越大。將水耕盤注滿營養液也會不夠用。所以一定要用《自動給水器》(p20)。

5

確認芋頭莖的生長

移植後一個半月。根部會長出很多芋頭莖。

6

盡情採收

葉子開始枯萎之後，就可以採收了。因為長出很多芋頭很難拔出來，所以要破壞水耕盆連根取出。

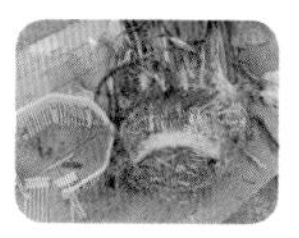

▶ Point

芋頭多到水耕盆要被撐壞掉。自己種的芋頭最為美味。可以用來煮味噌湯。

馬鈴薯

〔男爵馬鈴薯〕〔五月皇后(May Queen)馬鈴薯〕

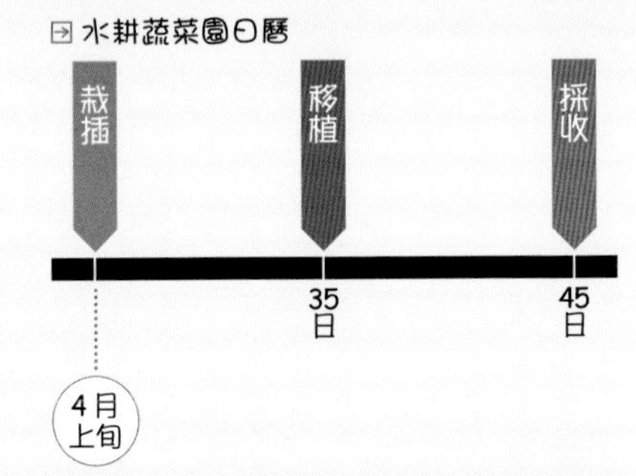

水耕蔬菜園也可以種出馬鈴薯這種常用蔬菜。〔男爵馬鈴薯〕〔May Queen馬鈴薯〕這些品種也很好種。嘗試著不是用水耕盆加瀝水網，而是用舊的牛仔褲。

● 播種的時機

中間帶 2月下旬～4月上旬
8月中旬～9月中旬

寒 帶 4月上旬～5月下旬

溫 帶 2月上旬～3月上旬
9月上旬～9月下旬

1

栽插種薯

將廚房裡發芽的馬鈴薯用和芋頭(p86)一樣的要領製作水耕盆，裝進深約3cm的栽培基質，放盡種薯再從上面覆蓋栽培基質。

Point

栽培基質是使用膨脹蛭石。芽的前端如圖般長到外面。放置到裝有營養液的水耕盤內。

2

守護葉子的生長

移植到水耕盤之後，大約十天左右就會開始長出葉子。注意不要讓營養液乾掉。

Point

生長快速。開始長出葉子之後十天左右，就會如圖般長出很多葉子。

3

移植到大盆子

再移植到大的盆子。此時可以將舊的牛仔褲剪到褲襠下5cm，分別將兩邊褲管縫起來使用。

▶ Point

牛仔布因為透氣，所以不用鋪濾網，直接裝進5cm深左右做為栽培基質的膨脹蛭石，放進長出葉子的種薯。將〝牛仔盆〞放進水耕盤中。

架設花的支柱

即使是用〝牛仔盆〞栽種，水耕蔬菜園的蔬菜生長過程還是一樣。順利的生長，移植後一週左右就會開花。

▶ Point

因為莖越長越長，花也越開越多，此時就需要支撐。雖然是直接插在牛仔盆裡，不過還是要視所選用水耕盆的狀態適當的架設支柱。

採收時刻終於到了

移植到4的大水耕盆大約一個月，葉子開始枯萎之後，就快要可以採收了。輕輕撥開栽培基質可以確認看到馬鈴薯。

▶ Point

再將栽培基質撥開就可以看見長很多馬鈴薯。重要的是為了讓馬鈴薯長得好，採收之前要再次覆蓋栽培基質。

盡情採收

葉子開始枯萎之後就可以採收了。將莖從根部剪掉，小心不要傷及馬鈴薯，用小鏟子鏟開栽培基質，取出馬鈴薯。

▶ Point

根部像珠芽般長出很多小馬鈴薯，很好吃不要丟掉喔。

在家裡也可以自己種馬鈴薯

1

將稍微發芽的馬鈴薯對半切開，讓橫切面曬三個小時的太陽消毒。

▶ Point

把買來的馬鈴薯放在陰暗的地方數天後自然就會發芽。

2

將弄濕的衛生紙重疊五張左右，將1的馬鈴薯切口朝下放在衛生紙上，再用弄濕的五張衛生紙蓋住整個馬鈴薯，讓馬鈴薯發芽。

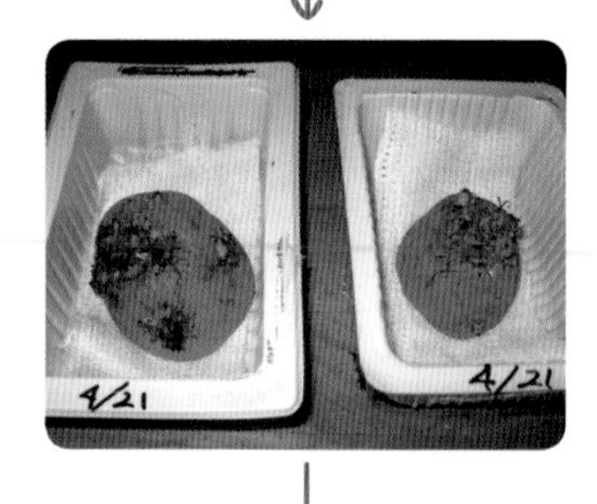

▶ Point

二週左右芽就會長到3cm左右。

3

在三號(直徑9cm)的育苗盆裝進深3cm的栽培基質，再放上發芽的2的種薯。再鋪上栽培基質覆蓋住馬鈴薯。芽的前端要露出來。

▶ Point

使用膨脹蛭石做為栽培基質。放到水耕盤內，注入營養液直到栽培基質表面濕潤為止。

4

長出幾片葉子之後，移到大的水耕盆。

▶ Point

第3步驟移植之後五天左右會長出葉子。

《男爵馬鈴薯》栽種成功

1

將前一頁所製作的種薯一開始就移植到水耕盆。放到裝有1cm高左右營養液的水耕盤。

▶ Point

栽培基質是使用膨脹蛭石和椰殼纖維的混合(p19)。馬鈴薯會長在栽培基質淺層的地方，所以移植時和其他蔬菜一樣，將種薯放在鋪有深3cm厚的栽培基質上就可以。

↓

2

移植種薯之後三週左右葉子就會長得很茂盛，所以要架設支柱。

▶ Point

此時會開出淡紫色的花朵。

↓

3

葉子如圖般枯萎之後就可以採收。

↓

4

二個水耕盆長出這麼多馬鈴薯。最大的是9cm。

〔五月皇后馬鈴薯〕也栽種成功

1

和〔男爵馬鈴薯〕同樣的要領，將種薯栽種到水耕盆。

▶ Point
所使用的瀝水網和籃子高度15cm就夠了。此籃子底部的大小要A5(本書的大小)左右。

2

移植種薯一個半月之後就會長出很多葉子，所以需要架設支柱。

3

移植種薯二個月之後，葉子就會開始枯萎，準備採收。

4

二個水耕盆採收將近四十個〔五月皇后馬鈴薯〕。不易煮爛的馬鈴薯，不需用土可以採收這麼多。

二十日蘿蔔

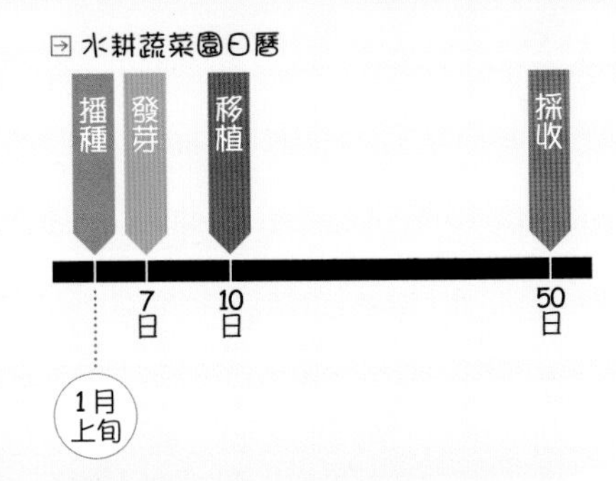

水耕蔬菜園也可以種出嬌小玲瓏的蘿蔔。紅色・白色兩種蘿蔔都種的話，讓菜色顯得更加豐富。二十天就可以採收實在很不可思議，很有咬勁的迷你蘿蔔。

● 播種的時機

中間帶 ⊡ 11月上旬～3月中旬

寒　帶 ⊡ 4月上旬～5月中旬

溫　帶 ⊡ 11月中旬～3月上旬

1

依基本方法使其發芽

依《播種的基本》(P8～)播種發芽，再依《基本的栽種方法》(P10～)放置到水耕盤。

▶ Point

如圖般大小之後，放置到水耕盤。因為一個海綿要種一根蘿蔔，所以發芽之後進行間拔。

2

守護生長的狀況

和蕪菁一樣，蘿蔔往長出幼苗的海綿上面生長。看著蘿蔔長大非常喜悅。

▶ Point

採收之後才知道蘿蔔是突破海綿長出來的。

紅蘿蔔

含有豐富的β胡蘿蔔素(βcarotene)、健康蔬菜之王的紅蘿蔔。迷你紅蘿蔔在水耕蔬菜園中生長。葉子也可以吃，實在令人雀躍。

水耕蔬菜園日曆

播種	發芽	移植	採收
1月下旬	10日	20日	80日

※比標準的播種時期提前很早播種。

● 播種的時機

中間帶 3月中旬～4月下旬
7月上旬～9月中旬

寒　帶 4月上旬～7月下旬

溫　帶 3月中旬～4月下旬
8月上旬～10月中旬

1

依基本播種方式使其發芽

依《播種的基本方法》(p8～)播種發芽。

▶ Point

將膨脹蛭石撒在放有種子的海綿上。需要十天才會發芽，比想像中的還要久。

2

守護生長準備移植

纖細的嫩芽一直長長。長到5cm左右就準備移植。

3

移植到深的容器內

準備深的容器。在底部和側面鑽很多個洞，鋪上深約8cm左右的膨脹蛭石，放上幼苗的海綿，上面再覆蓋上膨脹蛭石。

▶ Point

準備另一個同樣的容器，底部挖空從上面蓋下去，當做支架。

4

守護葉子的生長

生長速度不算快，但葉子會慢慢長大。

▶ Point

注意不要讓營養液乾掉。

5

品嚐葉子的美味

移植後大約二個月。葉子長得很茂密。

▶ Point

很少有紅蘿蔔是連葉子一起賣，所以把葉子摘下來煮湯或做沙拉。

6

採收時刻到了

葉尖變黃，也就是根部也長得很茂盛的時候。試著拔一株看看，確認有長出小的紅蘿蔔就可以採收。

豌豆
(snap pea)

⊡ 水耕蔬菜園日曆

播種	發根	移植①	移植②	採收
2月下旬	4日	1日	14日	60日

是snap?還是snack?據說在日本是由日本農水省將此豆類蔬菜的名稱統一命名為「Snap pea」。沒有藤蔓的豆類在水耕蔬菜園裡長得非常旺盛。

● 播種的時機

中間帶 ⊡ 2月下旬～4月中旬
10月中旬～11月下旬
寒　帶 ⊡ 3月下旬～5月下旬
溫　帶 ⊡ 2月中旬～3月中旬
10月中旬～12月上旬

1

將種子泡在水裡使其發根

將種子放在適當的容器，注入自來水淹過種子，蓋上一層衛生紙。

▶ Point
採用此方法，就可以只栽種有確實發根的植株。圖片的種子是表面有覆蓋的種子。表面沒有覆蓋的種子呈茶褐色。

2

移植到栽培包

種子發根之後，將栽培包(p14)排到水耕盤分別裝進深4cm的膨脹蛭石，讓根往該處生長，各放上四顆種子。

▶ Point
最後撒上膨脹蛭石覆蓋住種子。水耕盤營養液的量要維持在深度1cm。

3

準備真正的生長

發芽到如圖般的狀況時，因為需要支架所以要準備移植。

▶ Point

根也突破茶包的栽培包長到外面。

4

替根部避光移植

以鋁箔紙包住栽培包的下段避光，放到350ml啤酒罐的支架上。連同支架放到裝有營養液的水耕盤。

▶ Point

關於350ml啤酒罐的支架請參考p43。

5

用購物袋做支架

因為還會長更大，所以連同水耕盤一起裝到購物袋內，用購物袋當支架栽種。

▶ Point

要仔細確認購物袋大小是否能連同水耕盤一起放進去。如圖般將購物袋的提把吊起來就可以。

盡情採收

播種後大約二個半月，開花之後，就可以採收圓滾滾的豌豆莢。

▶ Point

採收時長到高1m左右。

四季豆

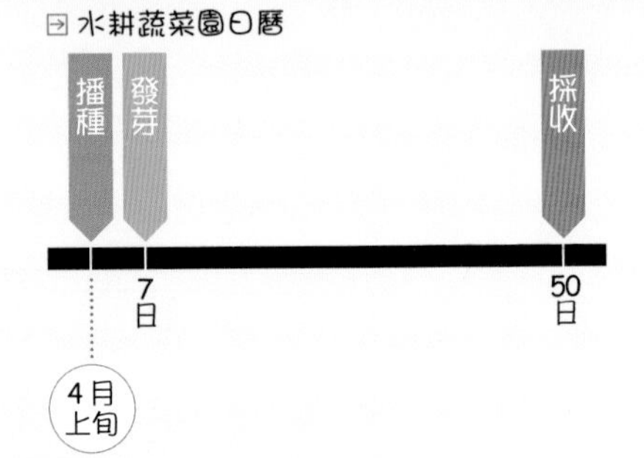

從梅雨季到晚夏是盛產季節，可以品味豆莢的獨特口感的黃綠色蔬菜。料理使用範圍也很廣泛的蔬菜。栽種（無藤蔓）品種的四季豆。

播種的時機

中間帶 ⇒ 4月上旬～5月中旬

寒　帶 ⇒ 5月中旬～6月中旬

溫　帶 ⇒ 3月下旬～5月上旬
8月中旬～9月中旬

1

直接播種

在《栽培包》(p14)內裝進深約4cm做為栽培基質的珍珠石，分別放進二顆種子，撒上珍珠石蓋住種子。

▶ Point

播種時，將有白色的筋凹陷處發根的地方朝下。在水耕盤的瀝水網上鋪上濾網。

2

確認發芽

播種後三天左右會開始發芽。

▶ Point

發芽後到採收前不需要移植。這是利用茶包栽培包的好處。

3

從自來水改為營養液

發芽後過了十天就會開始長出葉子。此刻就要將水耕盤內的水改為營養液。

▶ Point

發芽後二週左右葉子就會長到如圖般大小。水耕盤的營養液要維持在深約1cm左右。

4

確認發芽等待收成

發芽後四十天就會開出白色的花朵。不久之後就會開始長出豆莢，所以一定要確認是否開花。

想辦法支撐葉子的重量

快要可以採收時葉子會長得更快，所以有時會被葉子的重量壓倒。用磚塊圍住水耕盤以防止傾倒。

▶ Point

四季豆曬太陽葉子會立起來。

6

盡情採收

開花後十天左右。葉子長得非常茂密很難看得出裡面的樣子，把枝葉分開就會發現裡面長很多豆莢。終於可以採收了。

▶ Point

一次可以採收一整盤的豆莢。之後隔二週左右可以再次採收。

毛豆

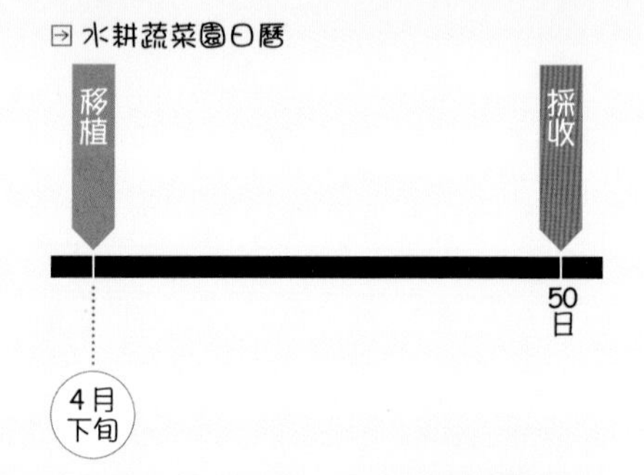

喝啤酒必備的下酒菜，也是小孩很喜歡的點心。不管怎麼吃，現摘現煮可以說是夏天的最高享受。

● 播種的時機

中間帶 ⊡ 4月下旬

寒　帶 ⊡ 5月中旬

溫　帶 ⊡ 4月中旬

1

購買健康的幼苗

購買十個用邊長5cm見方的連結育苗盒栽種的幼苗。一一剪開。

2

將幼苗移植到栽培包

用大號的茶包製作《栽培包》(p14)，底部裝進二小杯膨脹蛭石做栽培基質，將從育苗盒取出的幼苗連土一起放進去。

▶ Point

一手扶住幼苗將育苗盒往下拉，就可以順利的取出幼苗。放進栽培包內，蓋上膨脹蛭石直到看不見土壤為止。

3

將幼苗放進水耕盤

將栽培包排進放有瀝水網的水耕盤。排好之後從瀝水網旁邊注入營養液直到膨脹蛭石表面濕潤為止。

▶ Point

發芽後二週左右就會長到如圖般大小。每天早上要補充營養液維持水耕盤內營養液深約1cm。

4

製作整體的支架

移植幼苗之後不到一個月，葉子就長得很茂盛。因為栽培包沒有支架，所以要架設支撐整體水耕盤的支架。

▶ Point

此時將適當大小的紙箱子底部挖空，包住水耕盤做為支架。

5

確認長出豆莢

幼苗移植一個半月之後，就會開始長出豆莢。

▶ Point

豆莢還很小。

6

盡情採收

移植之後不到二個月，確認豆莢長得夠大即可採收。

▶ Point

與其從栽培包連根取出，不如切掉根部剪掉葉子，只留枝之後再摘豆莢會比較簡單。

木瓜

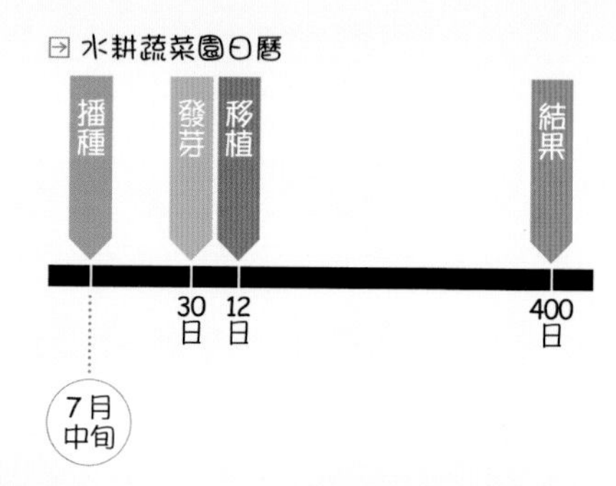

可以栽種覺得很好吃的水果多麼幸福啊！從種子開始栽種南國風情的水果。在南國是用青木瓜做料理。

1

準備栽種用的種子

將沖繩的休息站買的木瓜種子切成二半。把滿滿的種子的一部分用瀝水網清洗晾半乾之後，經過一天就可以用來栽種。

2

直播種子

將瀝水網放到盤子鋪上濾網，鋪上深2cm左右的膨脹蛭石，最後再覆蓋上膨脹蛭石蓋住種子。

▶ Point

播種完之後，將瀝水網的旁邊稍微往上提，注入自來水。注入到膨脹蛭石表面濕潤為止。

3

確認發芽

補充自來水保持濕潤不要讓撒有種子的膨脹蛭石乾掉，大約一個月。要很久才會發芽，不過不久之後就會長出雙葉。

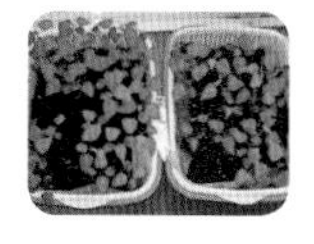

▶ Point

嫩芽長到如圖般大小就準備移植。和其他結果蔬菜一樣，準備五號(直徑15cm)的水耕盆。

將幼苗移植到水耕盆

混合膨脹蛭石和椰殼纖維(p19)做為栽培基質。依《市售幼苗的栽種方法》(p16～)將幼苗移植到水耕盆。

▶ Point

一開始在放有瀝水網的水耕盆內裝上深10cm左右的栽培基質鑽上小孔，放上幼苗，從上面再放上栽培基質穩固幼苗。用湯匙將幼苗連同膨脹蛭石一起挖出以免傷害根部。

用水耕盤栽種

用裝有深1cm左右營養液的水耕盤栽種。移植後三週左右就會長到如圖般大小。之後確實維持營養液就會茁壯成長。

▶ Point

因為是熱帶水果，所以冬天要移到室內。隔年，移植之後過了一年就會開出第一朵花。

欣賞果實的成長

觀察花朵枯萎之後的花萼，會發現幾天之後結出圓潤的果實。一邊想像究竟會長多大，一邊守護著果實的成長是一件很快樂的事。

▶ Point

最後果實長到像大顆的蛋那麼大。

〔附錄篇〕

打造自家水耕蔬菜園的秘訣

Q 在什麼地方打造水耕蔬菜園比較好？

A 一天日照時間三小時以上、日照充足的地方的話，只要可以放置水耕盤或水耕盆的地方都可以。葉類蔬菜在室內就可以，冬天反而種在室內會長得比較旺盛。可以的話以不太會淋到雨的地方最為理想。也就是說，陽台是最理想的地方。

Q 下雨天該怎麼辦?

A 淋到雨的話，倒掉水耕盤內被雨水稀釋的營養液換新的營養液。颱風天的時候，要移到室內避風雨。輕便好搬運是水耕蔬菜園的優點。

Q 要離家一段時間的時候該怎麼辦?

A 可以利用第20頁所介紹的自動給水器。連續幾天仔細觀察營養液一天的消耗量就知道不在家的期間需要多少營養液。用可以裝下那些量的寶特瓶製作就可以，不夠的話可以準備二瓶。

冬天氣溫會下降很多，該如何是好?

A 我是用買來的簡易溫室來栽種蔬菜，每年到了十二月，會把裝了水及觀賞魚用的加溫器的盤子置於架子的最下層。**40**升的水放入**150w**的加溫器，水溫達**28~30℃**時，我的水耕蔬菜園溫室內的溫度會比外面高**5℃**，便不會妨礙蔬菜的生長。

外面的氣溫和水溫差很大時，水分蒸發就會比較快。二天要加一次水。

長出藻類的話該怎麼辦?

A 不管再怎麼避光，將幼苗移到水耕盤之後經過一個月，還是會長出藻類。

水耕盤內的栽培基質長出藻類時，要先倒掉營養液，注入自來水將栽培基質完全淹蓋過去。然後用筷子將長出藻類的栽培基質細細的翻攪，藻類就會剝落。

另外，當濾網或盤子有長出藻類時，如下頁的圖片般用水沖洗，用海綿洗去藻類。

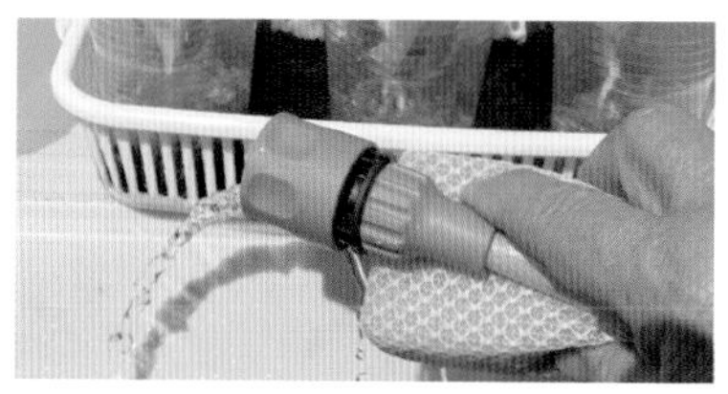

長出藻類的部分用水沖洗之後，用海綿輕輕擦拭就可以簡單的去掉藻類。

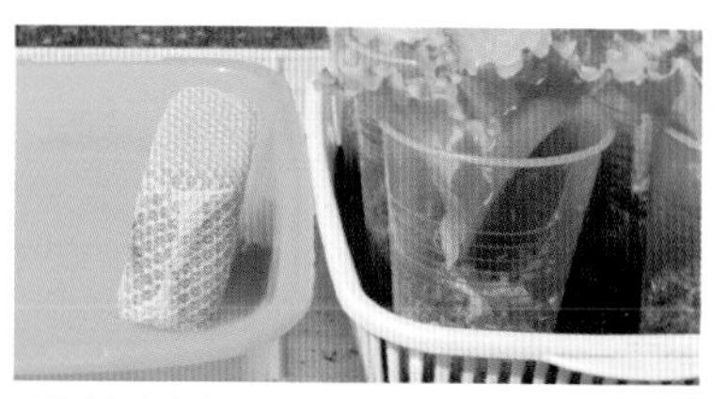

用海綿清洗的時候，不要用清潔劑。洗乾淨之後，注入新的營養液重新放置水耕盤。

Q 在公寓的陽台要如何栽種?

A 種在陽台用水可能會不方便，所以要想辦法避免藻類發生。此時重要一點是要確實覆蓋栽培基質的表面。鋁箔紙因為太薄不好使用，所以使用鋁箔櫥櫃墊。用筆在鋁箔櫥櫃墊上的塑膠杯支架底部畫圓，然後剪下。用此櫥櫃墊覆蓋栽培基質，確實避光。

另外，如果不是用膨脹蛭石和珍珠石做栽培基質，而是用水苔或椰殼纖維等植物性材質的話，就可以當作可燃性垃圾處理。現在就來學習簡單的善後處理方法。

①採收後先拿掉避光套，然後用筷子取出幼苗的海綿，拆除塑膠杯支架。

②將殘留的栽培基質和濾網集中在盤中，把瀝水網翻過來，就會看到密密麻麻的白色的根。

③如海綿般纏在一起的白色的根很容易就會脫落。再將白色的根和莖的根部、栽培基質當做可燃物收在一起。

④避光廚櫃墊、塑膠杯支架、濾網、瀝水網和盤子用水清洗乾淨保存起來可以再利用。

什麼素材可以拿來做栽培基質?

A 栽培基質的功能是讓空氣跑到蔬菜的根部。現在，栽培實驗中，可以使用水苔和濾網。春~夏、晚夏~秋的栽培生長狀況會比膨脹蛭石稍差，不過不會散得到處弄髒地方，所以很適合陽台上的栽種使用。

● 使用水苔

①鋪上水苔，慢慢加水變軟，膨脹之後，用剪刀剪成5mm～1cm長。

②和其他栽培基質一樣，將濾網鋪在盤子裡，在排列塑膠杯支架的地方鋪上水苔。

③如前一頁所說明的，使用避光用的鋁箔櫥櫃墊，將塑膠杯支架放置的位置挖出一個個圓形。

④將幼苗的海綿放進塑膠杯支架，和其他栽培基質一樣塞滿水苔，海綿表面也覆蓋上水苔放到通盤中。

● 使用濾網

①將常用來鋪設栽培基質的濾網八張重疊在一起，沿著盤子底部的形狀剪下來。

②將八張剪下來重疊在一起的濾網直接鋪在盤子裡，在上面鋪一張四處有剪開的廚房紙抹布。

③這樣就完成水耕盤。用挖空塑膠杯支架底部形狀的鋁箔櫥櫃墊避光。

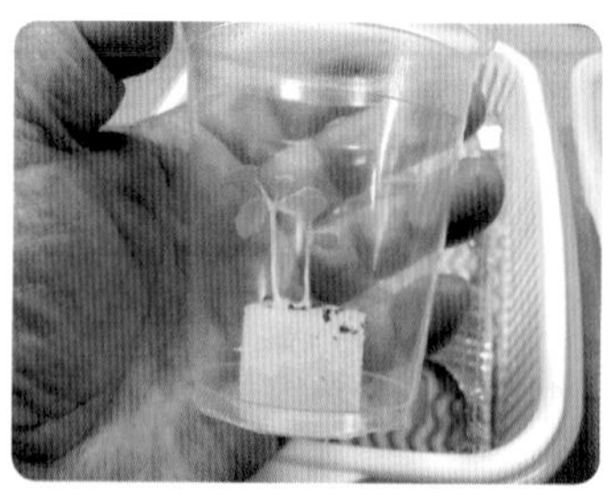

④在底部鑽小洞不要讓海綿從塑膠杯底部跑出去，放進幼苗。

⑤支撐海綿的栽培基質是將泡軟的水苔和椰殼纖維，各半混合在一起。

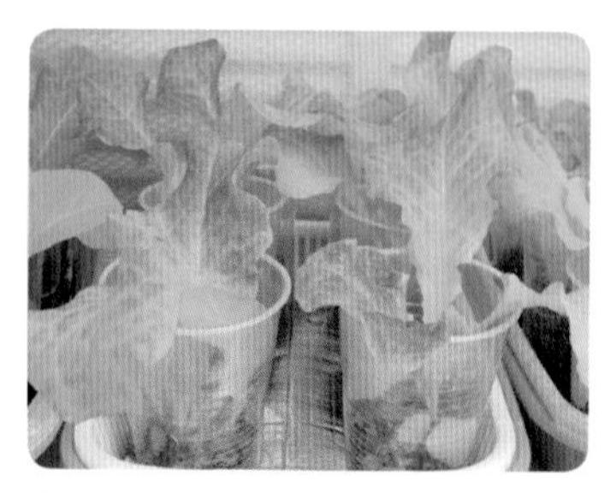

⑥將濾網也八張重疊在一起，放上廚房紙抹布就成為漂亮的栽培基質。蔬菜健康的成長茁壯。

⊙ 後記

就如前言說的，我的水耕蔬菜園在很狹小的地方。栽種萵苣等葉類蔬菜的地方的話，只用一個榻榻米面積的地方架設四層的棚架栽種。果菜類也只在約1.8公尺寬的地方種植。初夏到秋天的番茄栽種也只放三株。雖說是室內栽培，不過是種在向外突出的窗戶上。東南邊是1.1m、西南邊是70cm的空間也是實際上可以使用的範圍大約一半左右。

雖然地方狹小，但是我家幾乎不用買菜。我的栽種方法是想要讓大家不管地方大小一整年都可以吃到新鮮的無農藥美味蔬菜。以及，和大家分享在自家栽種蔬菜的樂趣因而出版此書。

於是就這樣經過不斷的實驗失敗改良各種構想，才得以向各位介紹四十七種蔬菜的水耕蔬菜園的栽種方法。

上一本『爺爺的投機取巧超簡單水耕栽種四季都能種生菜！』是在2006年8月發刊，當時也是在印刷前一刻才完成新的栽培方法，追加撰稿。

那就是利用茶包製作栽培包的栽種方法。靈感來源是早報整版的滴落式咖啡的廣告。那是單杯包裝的咖啡粉放在杯子上，倒入沖泡熱開水的圖片。不斷地在錯誤中學習，完成了茶包栽種法。

不久之後，發現蔥、水菜、豌豆、四季豆…所有的蔬菜直接播種在才一把抓的栽培基質裡，就可以栽種出來。家庭菜園專家教導學生要種出漂亮的農作物時，要使用深的容器，讓根往下紮，可是水耕蔬菜園只要深5cm的栽培基質就可以長得很漂亮。相信誰都料想不到吧！

之後又想出很棒的構想。

我的水耕蔬菜園不用灑農藥。剛開始用混合EM菌的『有機防蟲劑』(混合EM菌，以及水、糖水、釀造醋、燒酒而成的天然農藥，又稱EM五號)和“竹醋液”(竹子製造的天然農藥)努力做好防蟲的工作，可是葉類蔬菜還是會長蟲，對抗昆蟲是最大的煩惱。

然而有一天在商店看到洗衣袋，就想像用洗衣袋做成骨架，把不織布做成袋狀放進萵苣幼苗的話應該可

防蟲罩
在做此防蟲罩之前，昆蟲會從小小的縫隙鑽進去，害得蔬菜死光光。現在的防蟲罩可以達到完全防蟲的效果。

以…，就回家試試看。

完全如心中所料想的，成功種出一隻蟲也沒有的萵苣。不久之後發現大型洗衣袋，就登記命名為「防蟲罩」。

在著作本書的同時也還在實驗新的栽培方法。不斷的進行改良，永無止境。本書所介紹的栽培方法，只不過是我所想出來的方法而已。希望各位讀者可以依照自己的栽種環境，加上自己的構想。如此一來，一定可以種出每個家庭都會滿意的「自產自用」的蔬菜。比起在地食用當地蔬菜的「產地直銷」，自己栽種自己食用的「自產自用」還更值得信賴。

最後，請不要販賣利用此栽種方法栽種的蔬菜。這只是享受家庭菜園的栽種方法，希望各位不要進入栽種蔬菜販售的專家領域。此外，利用本書的栽種方法製作設備、販售栽種產品時，需要經過擁有「經濟實用新設計權」的我的許可。

伊藤龍三

PROFILE

伊藤龍三

1940年出生於神奈川縣橫濱市。現在居住於神奈川縣橫須賀市。

商業學校畢業後，任職於商事公司。之後曾經營茶飲店、大眾酒場等。隨後，基於興趣取得小型船舶一級駕駛執照，任職於東京灣內作業船船長一職。

2004年開始接觸水耕栽培。並將栽培的實驗與成果發表在部落格「いつでもレタス」(http://azcji.cocolog-nifty.com/blog/)相當受歡迎。曾經在有名的文化社團當了2年的水耕栽培教師並教4個班級。在NHK的綜合特別節目「家庭菜園の裏ワザ教えます」以及許多民間播放局、地方播放局的電視節目中登場。

著書有「横着じいさんの超かんたん水耕栽培　いつでもレタス！」(文芸社)，**監修書籍有**「庭より簡単！だれでもできる室内菜園のすすめ」。

TITLE

澆澆水就大豐收！水耕菜園懶人DIY

STAFF

出版	三悦文化圖書事業有限公司
作者	伊藤龍三
譯者	林麗紅
總編輯	郭湘齡
文字編輯	王瓊苹　林修敏　黃雅琳
美術編輯	李宜靜
排版	靜思個人工作室
製版	明宏彩色照相製版股份有限公司
印刷	桂林彩色印刷股份有限公司
法律顧問	經兆國際法律事務所　黃沛聲律師
代理發行	瑞昇文化事業股份有限公司
地址	新北市中和區景平路464巷2弄1-4號
電話	(02)2945-3191
傳真	(02)2945-3190
網址	www.rising-books.com.tw
e-Mail	resing@ms34.hinet.net
劃撥帳號	19598343
戶名	瑞昇文化事業股份有限公司
本版日期	2016年8月
定價	250元

ORIGINAL JAPANESE EDITION STAFF

撮影	横田秀樹（カバー、表紙、p1、4~23、63） 伊藤龍三（栽培記録）
イラスト	かつまたひろこ
企画・構成	駒崎さかえ
編集	FILE Publications, inc.
編集協力	伊武よう子
表紙デザイン	平尾太一
本文デザイン	FILE Publications, inc.
本文DTP	Take Four／Zest Art
編集デスク	平井麻理（主婦の友社）

國家圖書館出版品預行編目資料

澆澆水就大豐收!水耕菜園懶人DIY／伊藤龍三作；林麗紅譯. -- 初版. -- 新北市：三悅文化圖書, 2013.03
112面；14.8X21公分

ISBN　978-986-5959-51-7 (平裝)

1. 蔬菜　2. 無土栽培

435.2　　102003436